科學驚奇探索漫畫5

SCIENCE WONDER QUEST

病毒入侵危機！

監修

東邦大學榮譽教授

小林芳郎

原作

松本久志

漫畫

長田 馨

晨星出版

目錄

CONTENTS

人物介紹

阿健

雖然不擅長讀書，
但運動神經出眾。
他與生俱來的行動力
是否能幫助愛里佳
脫離危機呢？

愛里佳

阿健的青梅竹馬。
這次探險的舞台是
愛里佳的虛擬身體。

可羅納

為了暑假的自由研究
而從宇宙來到地球
的奇妙生物。
總是使用神奇的工具
進行大冒險！

莎拉老師

阿健與愛里佳的研導師。
練習空手道鍛鍊自己的身體，
是阿健他們探險時的最佳幫手。

這是什麼東西？

讓入侵者害怕的巨噬細胞

變形蟲模樣的細胞「巨噬細胞」是大胃王。只要有入侵者進入身體，無論是細菌、病毒還是花粉，不管對象是誰，它都會將對方包覆起來，吞入自己體內，再將其消化。巨噬細胞擔負著像這樣的守衛隊工作。

除了巨噬細胞之外，還有許多種類的細胞同心協力做複雜的工作，保護我們的身體防止入侵者的侵害。

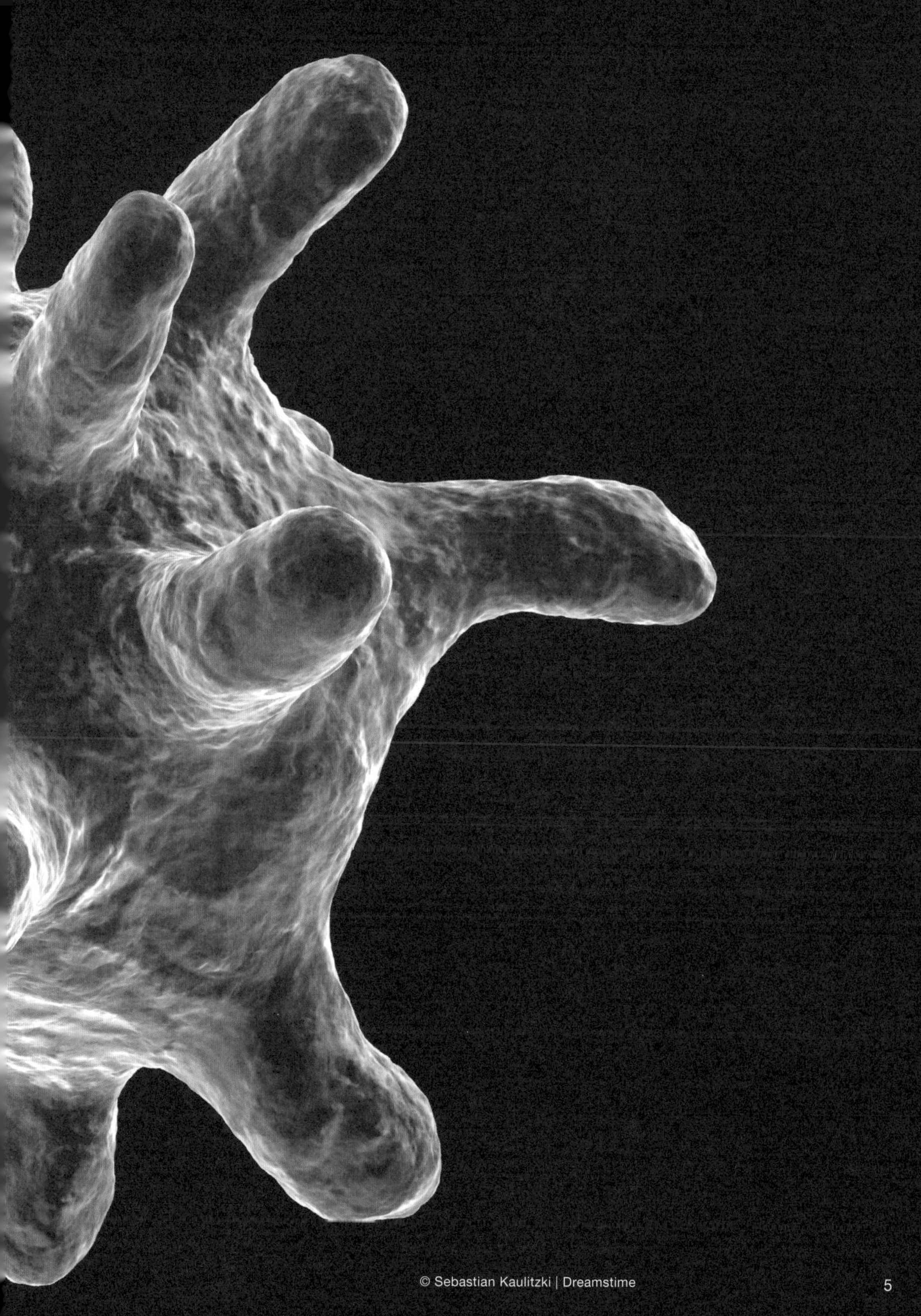

© Sebastian Kaulitzki | Dreamstime

咻～咻～
咻～咻～
第1章
可羅納回不了母星球！
BYE BYE ！
老師，再見！
哇～好冷。
也太極端了吧，不是很熱就是很冷。
拍
沒什麼精神的阿健。
莎拉老師。

你沒有
精神，
是不是因爲常走在
一起的愛里佳，今
天感冒請假沒來上
學的關係？
什麼？

妳……妳在說
什麼，拿出證
據來，證據！
這個表情
就是證據。

……不是，
眞的不是。
唉唉唉唉唉～～～
眞的不是
這樣的。

因爲可羅納
回自己的星
球了。
唉唉唉唉唉唉唉唉唉唉唉唉唉唉唉唉
總覺得
很沮喪。

可羅……
納……
啊！
就是那個來做
自由研究的外
星人？
印象模糊

在莎拉老師
的身體裡
千鈞一髮
的探險！
咻～咻～咻～咻～咻～
那時眞開心……

跟那個比起來，
平常的小學生生活
眞是無聊死了……
你在說什麼啊？

啊——不會再有讓
人感到興奮的事情
嗎～～～～～～！
那個，阿健，
關於人生啊……

啪
啪

怎麼了?!
剛……剛剛那
個是UFO嗎?!
咻咻咻
該不會是?!
噠
噠
那個……
該不會是……

咻～咿唔
咻
咻
咻
又回來了。
唉～
可羅納！
唰
唰
啊……
阿健?!

果然是你啊～～！

阿健，好久不見了可羅——！

叩咚

倒下

小可羅，你不是應該回去自己的星球了嗎？

對啊，你怎麼又回來了？

又要做自由研究嗎？

因爲……

在科學驚奇探索《人體迷宮調查！食物消化篇》、《人體迷宮調查！血液冒險篇》中，千里迢迢來到地球做自由研究的可羅納，在莎拉老師的身體裡冒險。調查完後，他回去自己的星球了。

好像是因為待在地球的期間，我的身體裡有了奇怪的病原體。

他們說我不能把那些東西帶回去。

病原體？

就是引發疾病的生物體，其中有部分造成疾病的是微生物等東西喔！

小可羅的星球應該科學很發達吧？

我們的星球在好幾千年前就已經不再有各種疾病了。

病原體的知識已經是古代的資料了……

探索筆記

西元前就有疾病大流行的紀錄。在人類知道病原體造成感染之前，都將其視為是超自然現象所引起的。例如古希臘人認為「因感染而造成的疾病是神明的懲罰，所以只要奉上供品就會被寬恕。」

不知道要多久才能回去可羅……
唉……
我好想吃我媽媽做的菜喔。
鮮魚冷盤
塞滿
彩色捲
可羅納，你不要悶悶不樂啦！
閃閃
發亮
發亮
興奮情緒高昂
哇啊
不是有我在嗎！

你願意幫我忙嗎可羅？
那是當然的啊！包在我身上！
握手
……對了，今天怎麼沒看到愛里佳？
她感冒了，今天請假沒上學。
只有阿健一個人……
什麼嘛！你的意思是說只有我一個人就不行嗎？
確實只有阿健一個人的話，不太可靠。

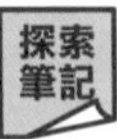

生物學者要探索地球以外的星球，是否有其他生物存在的證據，就必須確認生命是如何誕生的。很多科學家認為，如果地球以外的行星有細菌存在的話，跟地球上的細菌應該不會有太大的差異。

這次我就作爲保護者，

讓我參加吧！

什麼?!
莎拉老師?!

至今妳都只是一個探險的舞台而已。

搖
搖
晃
晃

……
非常抱歉可羅。

好，那就
快出發吧！

大家坐上
可羅納號吧！

可羅納號
改造過了，

只要一個鍵就
可以使用各種
功能了可羅。

咖將

縮小船體！

嗚 嗚 嗚 嗚 嗚

好，
出發！

為了讓可羅納
能回去自己的
星球，

調查開始！

咻 咻

第2章 調查身體裡的細菌！

雖然一股作氣變小了，但現在要怎麼辦可羅？

……所以？

所以一開始
最好還是

從嘴巴進入某
個人的身體裡
才對可羅。

小可羅
看前面！

看前面！

怎麼了？

哇啊！

快撞到了！

緊急回轉
——！

哇～～剛才好驚險可羅。
是體育老師岩熊老師。

他又在吃甜甜圈了。
啊，別看他這樣，他可是個甜點控喔！

對了！

可羅納！
我們跟著甜甜圈一起進入岩熊老師的嘴巴裡吧！

OK！

大家抓穩喔！

衝進去可羅！
啊
啊
我知道
可羅！
要小心牙齒！
不要撞到了！
噗咚
之前的自由研究
也是從嘴巴裡進
去的可羅！
噗咚
噗咚
可羅納已經
習慣了啦。
噗咚
噗咚

咕嚕
咀嚼
咕嚕
咀嚼
咀嚼
咀嚼
咕嚕
咕嚕
眞是的——
岩熊老師是
要咬到什麼
時候啦?!
也咬太久了
可羅——！
咬久一點是
好事喔。

雖然很多人會
覺得唾液很髒，
其實正好相反，
唾液裡含有許多具
有殺菌效果的「溶
菌酶」酵素。
搖晃
激烈!!
只要多咀嚼，唾液
就會分泌很多，所
以吃東西時咀嚼是
很重要的。

哇啊
——！
終於通過食道
了，要往胃去
了可羅！
唰
唰
唰
唰
唰
啊……
等一下，
可羅納。

胃裡的胃液……！
不是有會溶解食物的強酸？

啊，對喔可羅！
我忘了！

你怎麼可以忘記！
哇啊啊啊啊

哇啊啊！
噗咚
噗咚
可……可羅納號要溶解了！
慌張
慌張
慌張
怎麼辦怎麼辦！

細菌與病毒抵抗不了酸性，所以通過會分泌胃酸的胃時，幾乎都會被殺死。但是當細菌的數量超過百萬個時，就有一部分的細菌不會被殺死，它們會順利通過胃。此外，在細菌裡有不畏胃酸，能在胃裡存活，會引發胃潰瘍等疾病的「幽門螺旋桿菌」。

你說你回不去自己的星球，我看你挺愉快的嘛。

嘎
嘎
嘎
擠壓
擠壓

適時放鬆是很重要的可羅。

你們兩個看一下！

有沒看過的奇怪吉祥物在溶解耶！

沙～
沙～
哇～
哇～
浮沉浮沉
掙扎掙扎

這是可羅納號的功能之一。
我將細菌擬人化，我們就可以看得到它們可羅。

所以那些是被胃酸溶解的細菌？
掙扎
啊—
啊—
拍動
掙扎
滑動
沒錯可羅。

所以從嘴裡吃進去的細菌大部分都會在這裡死掉對吧。

但是其中
也有不怕胃酸的細菌喔。
飄浮
飄浮
飄浮

你們看！那邊！

唰

嘩

像老師說的那樣也有活力十足的細菌！
可羅納！
嗯！
我們去追那個細菌！
轟隆隆
啊，跟丟了可羅。

啊啊——
什麼嘛。
它好像往
那邊去了。

那我們也
追過去，
往前移
動吧！

往這邊
去是
細菌喜歡
的地方
就是大腸！

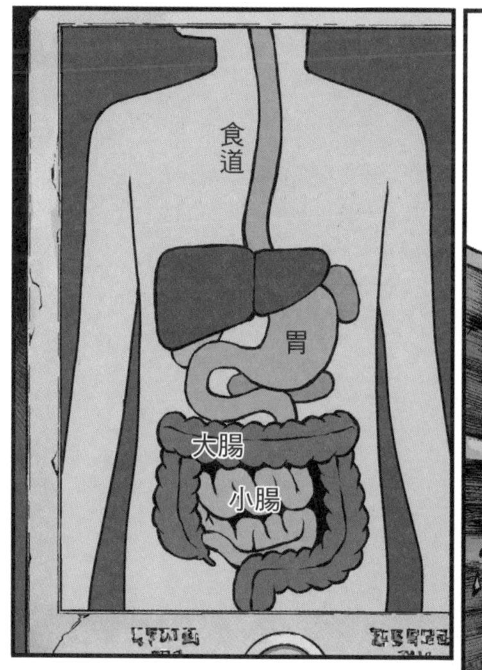
食道
胃
大腸
小腸

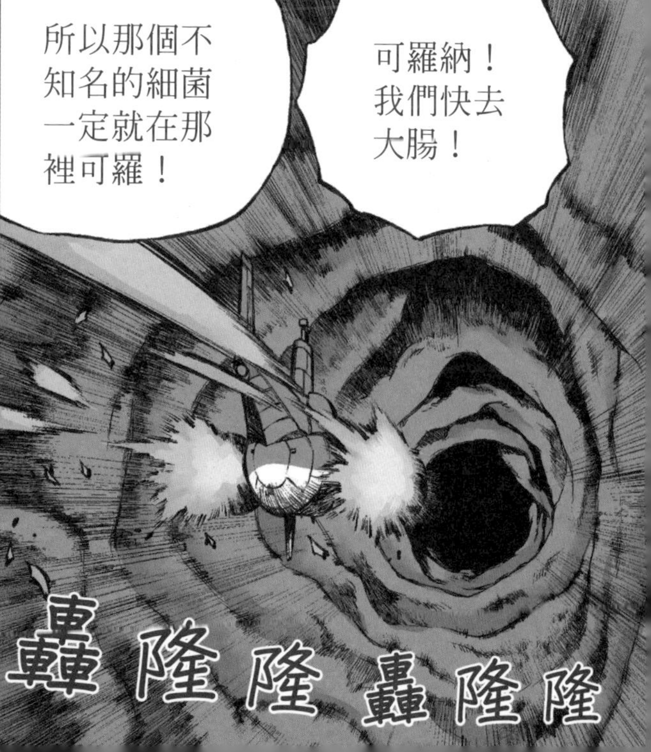
所以那個不
知名的細菌
一定就在那
裡可羅！
可羅納！
我們快去
大腸！
轟隆隆 轟隆隆

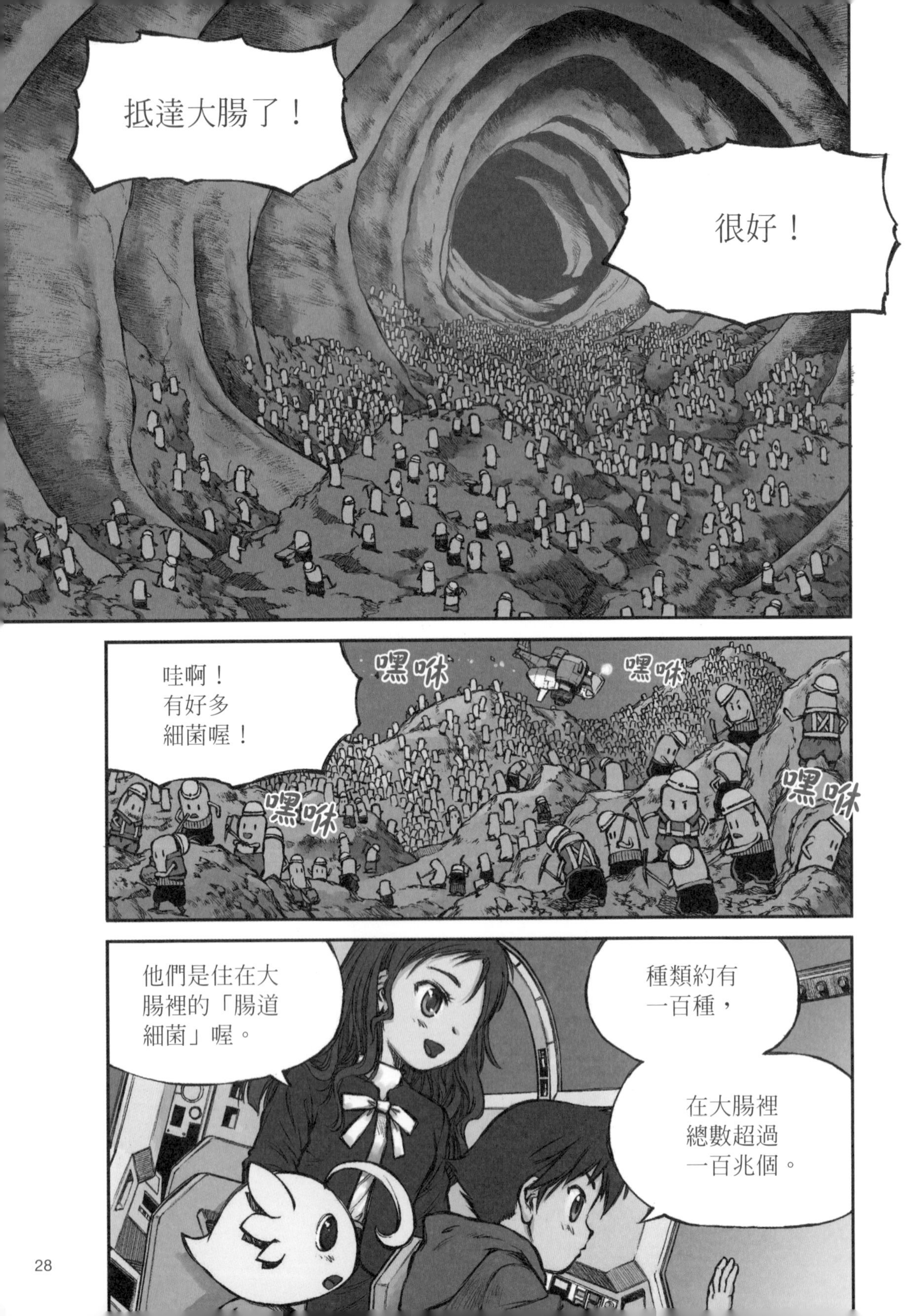

抵達大腸了！

很好！

那我們直接問他們好了。
原來如此，來訪問他們可羅。
不過很抱歉，我不知道哪一種是什麼菌……

那個……可以打擾你一下嗎？
咦？你說我嗎？
請問你的名字與職業是什麼？

我們是比菲德氏菌。
像我們這種腸道細菌，人類叫我們「**益生菌**」。

益生菌?!
你們對人類有益處嗎可羅？

「腸道細菌（ㄔㄤˊ ㄉㄠˋ ㄒㄧˋ ㄐㄩㄣˋ）」

■ 住在大腸裡的細菌，約有一百多種，總數合計超過一百兆個。

■ 有比菲德氏菌、乳酸菌等對人體健康有益的益生菌，和產氣莢膜梭菌、腸道毒素性大腸桿菌等的壞菌，還有像鏈球菌屬的中間菌等。

■ 主要工作：分解食物碎塊，製造維他命。

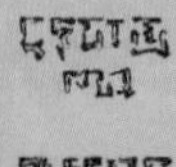
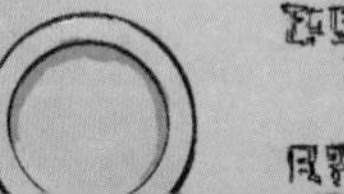

探索筆記

引發食物中毒的細菌是不可輕忽的「病原菌」，病原菌其實數量不多。根據研究，目前已知的數萬種細菌裡，對人類有害的細菌僅不到百分之一。

人類的身體是由六十兆至七十兆個細胞所構成的，大腸裡的腸道細菌約有一百兆個，細菌的數量較多。雖然腸道細菌與病原體都一樣是微生物，但身體裡的微生物多半是人類的好伙伴。

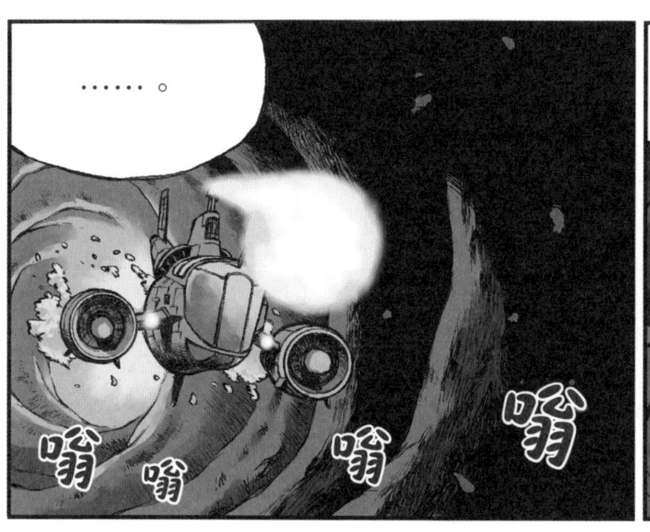

探索筆記

壞菌的代表是產氣莢膜梭菌，如果日常生活以肉食為主的人這種菌會增加，還有高齡者的體內這種菌也會增多。

找到了啊啊啊！
喔喔喔喔喔
抱歉。
明明就有！
擬人化的角色太可怕了……

嘻……嘻嘻，我的名字是……

O157！

哇啊啊啊啊！

驚嚇

驚嚇

病原性
大腸桿菌？

會引起嚴重
的腹瀉！

黏膜被破壞的話，
會引發出血，就會
出現血便的情況。

O157會附著
在腸壁上、
破壞黏膜。

腸壁被破壞後，
就會造成無法順
利吸收水分……

哇啊……
好可怕可羅。

O157的
特徵一
很耐酸性，
所以就算在
胃酸裡，他
也沒事。
呀ー
呀ー
呀ー

特徵二
很耐低溫，
即使在冰箱裡
他也沒事。
硬梆梆
凍僵
凍壞

特徵三
不過他
不耐熱，
加熱至攝氏七十五
度，一分鐘內就會
死掉。
熱
熱
熱
熱

特徵四
傳染力
很強！
多半會引起食物中毒
的細菌，如果在身體
裡沒有超過一百萬個，
是不會引發病症的，
但是身體裡只要
有數十個O157，
就會讓人生病！
卡
噹

食物中毒的細菌也有會藉由寵物來傳染的。像紅耳龜（Trachemys scripta elegans）等爬蟲類身上的沙門氏菌（Salmonella）會引發腸胃炎，所以不只是爬蟲類，在摸過動物後，務必要洗手。

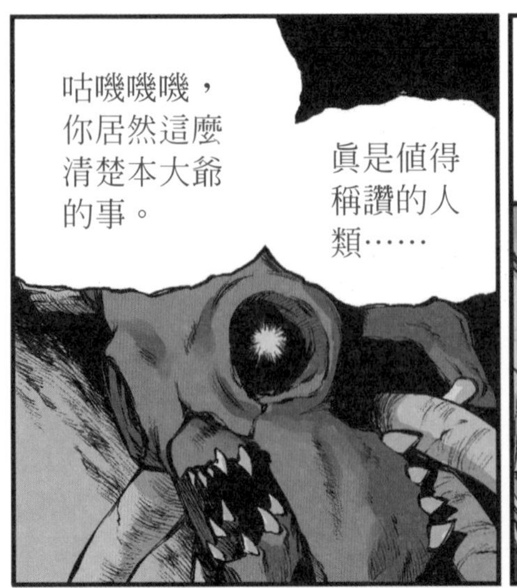

O157會釋放出綠猴腎細胞毒素（verotoxin）！

指

綠猴腎細胞毒素?!

我在講很重要的事！你們要專心聽！

猴子 猴子 猴子

喂，O157！
你爲什麼這
麼壞啊？

爲什麼要
攻擊人類
啊？

嘰嘰嘰，
小子，
你誤會了！

什麼？

本大爺不是爲了攻擊人類而存在的。

人類的身體原本就不是本大爺居住的地方。

是嗎？
那你原本是住在哪裡？

我們原本只是住在牛的腸子與糞便裡，過著平靜的生活。

是你們自己不小心，才把我們帶到這裡來的。

我們？是怎樣不小心？

你們在處理生牛肉時，將住在腸子與糞便中的我們轉移到肉上。

然後你們在調理牛肉時又沒有充分加熱，

又或者是你們的手摸到附著在生肉上的我們後，又去調理其他食物，然後把食物拿給其他人吃……

所以就變成現在這樣了。

我們只是在找
適合居住的地
方而已，
卻被當成是
病原體和眼
中釘。

還有像O先生這
種其他的病原性
細菌嗎可羅？
O先生？
嗯……
算了。

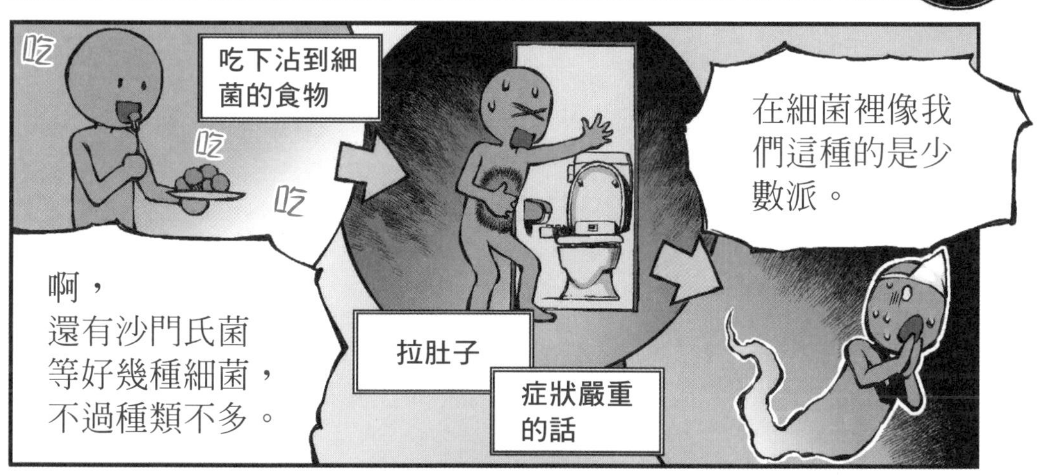
吃
吃
吃
吃下沾到細
菌的食物
拉肚子
症狀嚴重
的話
在細菌裡像我
們這種的是少
數派。
啊，
還有沙門氏菌
等好幾種細菌，
不過種類不多。

喂——！
嗡嗡
嘶
嘶
嘶
嗡嗡
本大爺的說
教才剛要進
入重點……
嘶
嘶

什麼？
想問的事
都問到了
可羅！

因為感染O157而腹瀉的人，要最後一個去泡澡，或者只要淋浴就好。因為附著在屁股上的細菌恐怕會藉由洗澡水傳染給其他人。

食道
胃
大腸
小腸
直腸
因爲我們現在在這裡。
所以，我們……
會通過直腸，
跟著糞便一起出去身體外面。
凝
重
呆
住
莎拉老師，沒辦法啦。
這就是命運啦。
轟
轟
轟
轟

男子トイレ

呼——
平安出來了
可羅……

第3章 細菌VS身體防衛隊

啊……
岩熊老師。
男子トイ
搖晃
搖晃
搖晃
他走路搖搖晃晃的呢！

我不想要再當一次糞便了。
我也不想啊。

老師還好嗎可羅？
因爲O157在大腸裡面啊。

腳滑

啪唧
啊，跌倒了。

受傷的時候會有疼痛的感覺，吃腐敗的食物的話會肚子痛。疼痛會產生不愉快的感覺與情緒，那是告知你身體有危險的警告機制。當你感受到疼痛，即會反射性躲開、減輕疼痛等做出反應，這是動物為了好好生存下去的必備機制。

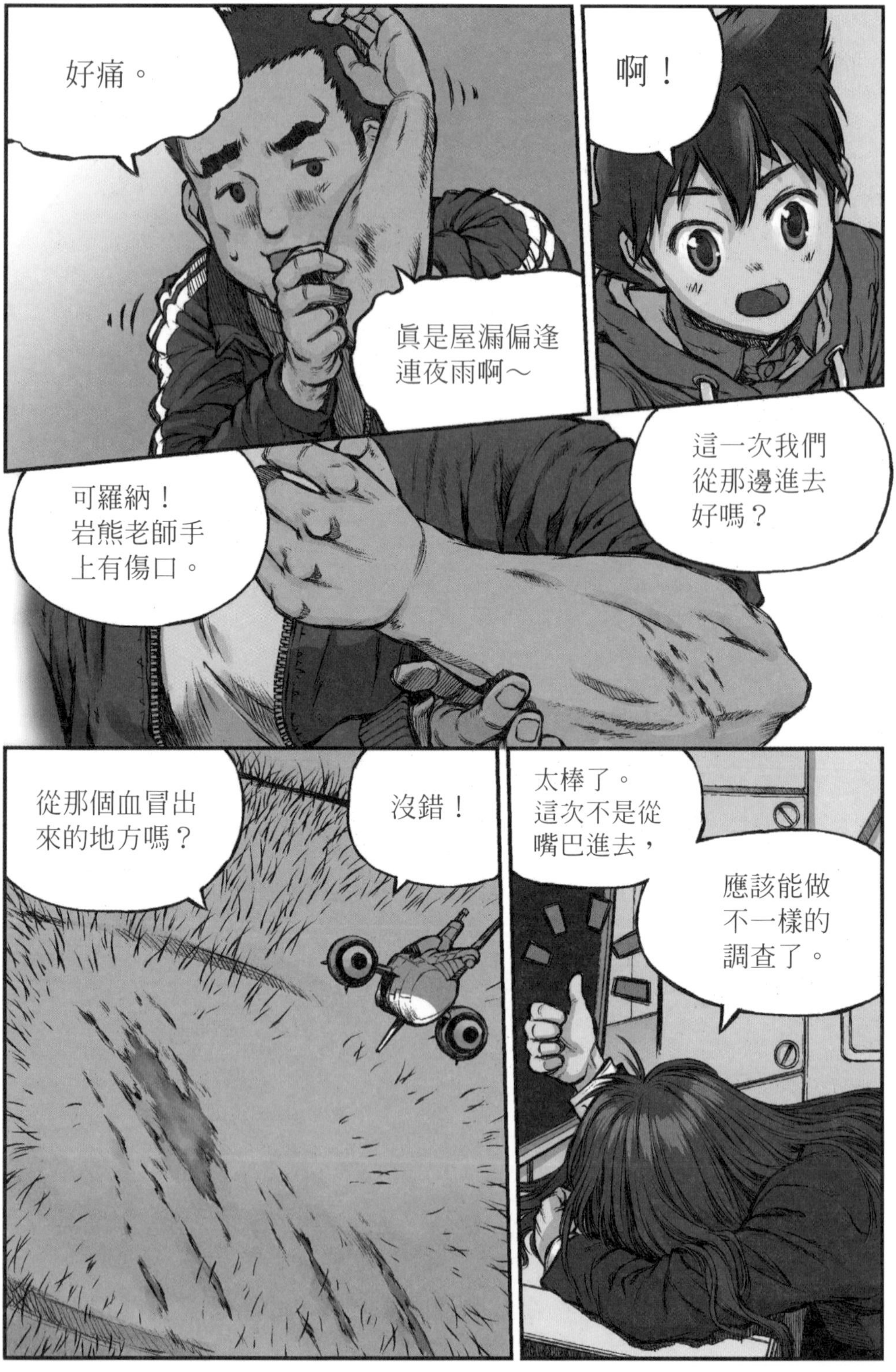

啊！
好痛。
眞是屋漏偏逢連夜雨啊～
這一次我們從那邊進去好嗎？
可羅納！岩熊老師手上有傷口。
太棒了。這次不是從嘴巴進去，
應該能做不一樣的調查了。
沒錯！
從那個血冒出來的地方嗎？

原來如此！
那麼這次
就從傷口
進入身體裡
可羅——！
轟隆隆隆隆
哇啊！
好多細菌，
蠕動
密密
麻麻
不斷進來
了耶！

那在傷口裡面
會怎樣呢？
沒問題嗎？
我們從嘴巴進
入身體時，
有很多像唾液或
胃酸可以將細菌
殺死的地方。
那你們就要
看仔細囉！
因爲微血管
也破了，血
流出來了。
哇啊，
傷口裡面一場
糊塗可羅！
這是皮膚表皮細胞
被破壞的狀態，

唔
那是
血管嗎？
真的破掉
了耶。
!?
呼咻
好像有什麼東
西附著在破掉
的血管上耶？
吧噠
滑動
滑動
吧噠
吧噠

為什麼
傷口也黏在一起了？

血小板負責將傷口黏住、結合起來，修補傷口。
吧噠
吧噠
也就是說，他是「修復隊員」。
那是血小板，雖然是擬人化的模樣。
血小板？
筆記，筆記。
原來如此，修復隊員啊。

我上週結痂掉了耶！
就是他們做的嗎？
吧噠
吧噠
也就是「結痂」。
那個血小板的作用是將血液凝固，

咦？

等一下。
那個血管比剛才的還要粗，是嗎？

眞的耶可羅。
確實血管壁的間隙比較寬。
圓滾滾

那是出現發炎的情況了。
咕嚕
咕嚕
發炎？
咕

莎拉老師，那個是什麼……？

最常見的發炎症狀是以下這些例子。受傷的傷口發紅、腫脹；長在臉上等地方的青春痘變嚴重，腫起，會感覺疼痛；被蚊子叮到的地方會腫、會癢等。

咦!?
吃
?
什麼？
咬
怎麼了？
哇啊！
他們在
幹嘛？
勒住

咕
嚕
咖
咬——住
入侵的細菌一個一個被抓住了。
咖
咬——住
我們跟其中一個直接對話吧可羅！

停！
停！
請問
你是誰？
什麼？
你說我嗎？
我是
白血球的
一種。
警
我是
嗜中性球！
嗜中性球？
那麼就叫你
「嗜中先生」
可囉。
嗜中先生？
點頭 點頭
點頭
所以……
嗜中先生，
你是做什麼的？
點頭

哇—

你們一看就知道了吧。

哇—

我們在吃入侵的細菌啊！

哇—

警

張大嘴巴

怎麼看也是入侵的異物啊！

哇啊！等一下啦！

可羅納！快想個辦法！

小可羅！

啪滋

啊——

新裝備發動！

轉來轉去

現在，你開始覺得想——睡。

我們不是異——物。

小可羅！你們的科學太瞧不起人類了吧！

轉轉

探索筆記

如果抽菸的話，因為煙裡含有許多尼古丁與焦油，會讓嗜中性球的運作變差。

在血液檢查中的「白血球增加」代表的就是嗜中性球增加。當嗜中性球增加時，恐怕會是急性闌尾炎、肺炎、急性白血病、心肌梗塞、癌症。

原來如此。
是爲了讓你們通過的道路寬一點，
所以血管才會變粗啊。

發炎
是爲了創造出我們與異物對戰的環境而出現的反應。

原來如此，
所以傷口會發紅、腫脹和刺痛
並不是壞事。

對了，各位，
更厲害、更強大的伙伴差不多要來支援了，
你們最好快離開吧。
！強大的？
一定是剛剛看到的那傢伙！
啊！
興奮不已

來了
來了！
游來
游來
游去
游去
游來
就是他們！
是我們之中食
量最大的！
咕嚕
咕嚕
咕嚕
咕嚕
而且他們的工作
還有將吃進去的
敵人資訊傳達給
其他細胞！
咕嚕
可以說是最勤
奮的──！
轟
隆
隆
隆
隆

嚼
嚼
嚼
嚼
那是什麼？
還有啊，
他們抵達現場
之後就會越變
越大喔！
沒錯！
他們的名字
是巨……
咕嘟
巨噬
喀喀
轟隆
隆
細胞！
隆
隆
轟隆隆隆

旋轉
啪搭
轉動
哇—！
哇啊—！
轉動
喀唧
喀唧
彎曲
彎曲
彎曲

大口吃
大口吃大口吃
大口吃
喀唧
哇——！
巨噬細胞
好厲害喔！
細菌一直
被吃掉了
可羅！
嘎啊啊啊啊
前面那
巨噬細胞，
?
看起來好像
很痛苦。
可是你們
仔細看。
!

!?

嗜中先生！
那個白色的
嗜中先生好像
狀況不太好
可羅！

他們是太拚
命吃敵人，
已經完成任務，
氣力用盡了的傢伙。

氣力用盡了，
說得好像他們
已經死掉了……
簡單說的
話是那樣
沒錯。

!!

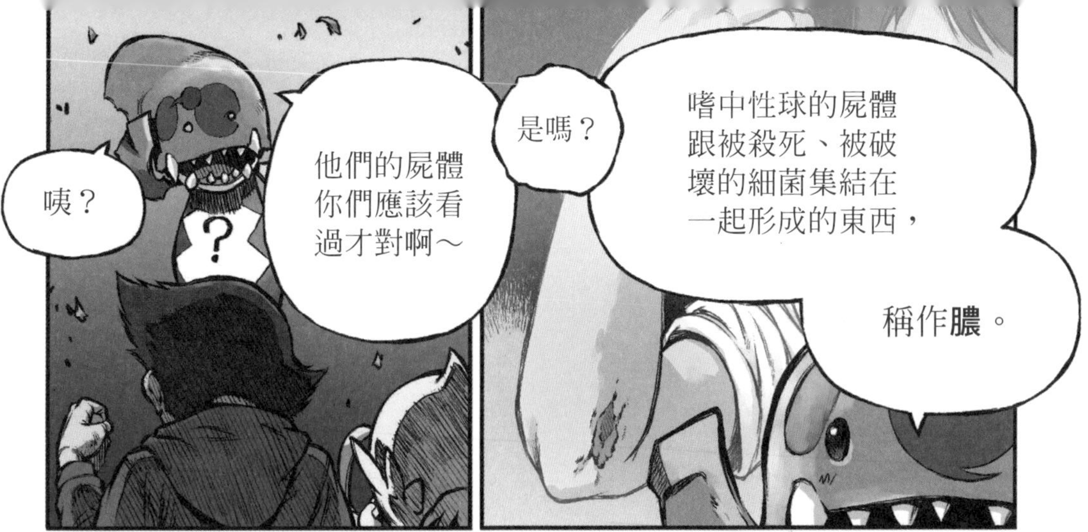
嗜中性球的屍體
跟被殺死、被破
壞的細菌集結在
一起形成的東西，
稱作膿。
是嗎？
他們的屍體
你們應該看
過才對啊～
咦？
?

膿？
就是從人類的
傷口流出來稠
稠的東西嗎？

聚集了許多
嗜中性球。
沒錯！
因此流出
來的膿裡，
那就是我們打了
好多場仗的證明。

跟入侵到身
體裡的細菌
戰鬥的！
我們「身體防衛隊」
就是這樣
誇

首先，
鼻毛和睫毛
在氣管裡的
氣管纖毛等
體毛，
而且再
加上
鼻子和喉嚨
的黏液
都是防守員。
止
止
止
止
止
止

作爲屏障。
他們都是
「第一層防衛隊」，
率先防止**異物**、
細菌的入侵。

而穿越他們
進來的異物
與細菌，
就由我們「第
二層防衛隊」
來把他們吃
掉、排除！
啊一嗚
順帶一提，我們
第二層防衛隊
鏘
鏘
自豪
被稱爲
「先天免疫系統」。

先天免疫系統？

免疫就是攻擊與排除異物，保護身體的系統。

先天免疫系統就是人類與生俱來的免疫系統。

喔——

第二層防衛隊還有其他未現身的伙伴喔！

食

而且除了我們之外，還有**「第三層防衛隊」**……

探索筆記

依據生命進化的歷史來看，「先天免疫系統」從非常久以前就存在了，許多生物也都具有這個系統。而相對被稱為「第三層防衛隊」的「後天免疫系統」，則是哺乳類等脊椎動物才有。

嗶波—
咯吱咯吱
閃亮咯吱
咯吱
咯吱
發亮
咖
閃亮
哇啊！

不能
停止嗎？
什麼嘛！
好像是剛才
被巨噬細胞
撞飛時，
防盜警報裝
置就出現狀
況了可羅！
啪
啪

可……可羅納！
嗜中先生
在瞪我們！
你快點修好啦！
那一個，那一個，
……？

你們到底
是什麼？
看來看去，
還是覺得你們
是異物。
疑

先冷靜下來，
嗜中先生。
這……這個，
我們只是剛好
路過的一般
人……
我跟你解釋
一下，你就
知道了……

轉動
啊
啊
哇啊啊啊啊！
快……
快逃！
咚咚
嗶嗡
咚咚

可羅納，快一點，被抓住的話我們就會被吃掉了！

轟隆隆隆隆隆隆

呀啊啊啊啊！

從正在修補的傷口那裡

逃到外頭！

逃出來了！

身體防衛隊對戰病原體的戰力

我們的身體二十四小時無休地遭受微小且肉眼看不見的病原體侵入和攻擊，另一方面，身體裡有支防衛隊負責迎戰病原體。我們每天健健康康的生活，其實體內正上演著激烈的攻防戰。

對戰病原體入侵的防衛隊成員

迎戰病原體的主要是血液與組織中的「白血球」，白血球裡有嗜中性球、巨噬細胞、樹突細胞這幾種免疫細胞，各司其職守護著我們的身體。

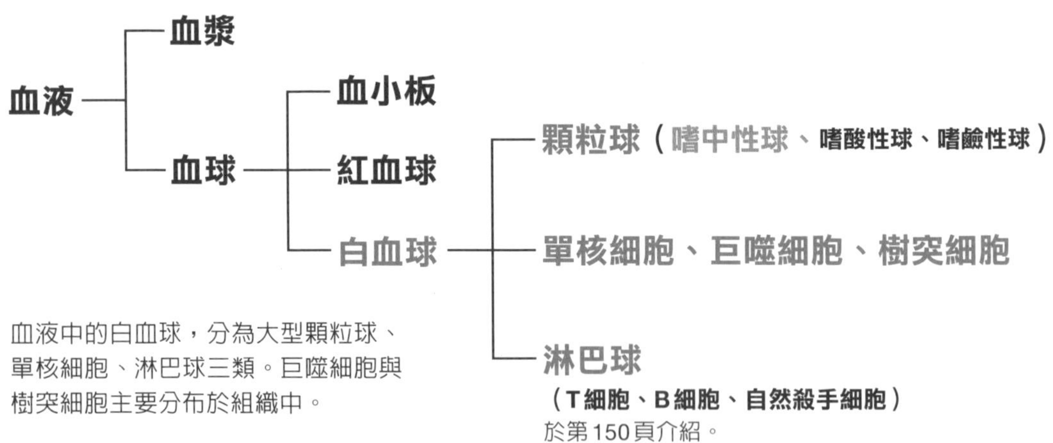

血液中的白血球，分為大型顆粒球、單核細胞、淋巴球三類。巨噬細胞與樹突細胞主要分布於組織中。

嗜中性球

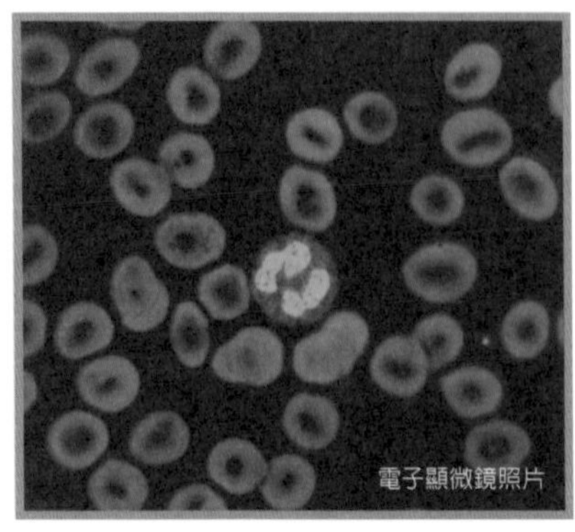

© Liang Linsong | Dreamstime

- 為了盡快捕捉到入侵體內的病原體，嗜中性球在血液中流動、巡邏。前往感染現場的速度不會輸給其他免疫細胞，可說是巡邏警察。
- 病原體入侵的地方會引起發炎，嗜中性球會穿越血管縫隙抵達現場，將病原體包圍，釋出殺菌物質將其消滅。

漫畫中的嗜中性球

巨噬細胞

漫畫中的巨噬細胞

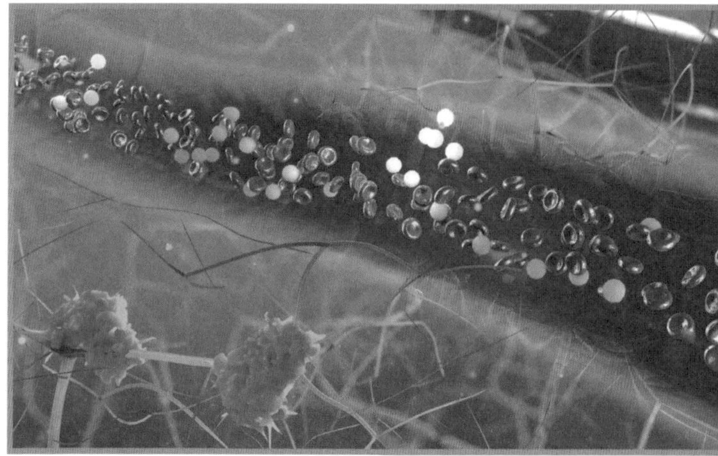

© Igor Zakharevich | Dreamstime

- 巨噬細胞在不同的地方有不同的稱呼，在血液中稱為單核細胞。在皮膚下與黏膜等身體各個地方靜靜等待病原體出現的，則稱為巨噬細胞。
- 血液中的單核細胞迅速前往感染的地方，在接近後會瞬間膨漲變身為巨噬細胞。
- 巨噬細胞會將入侵的病原體包覆、吞噬，是可靠的防衛隊成員。另外不僅是病原體，也擔負了吞食、清理老舊細胞的職責。

樹突細胞

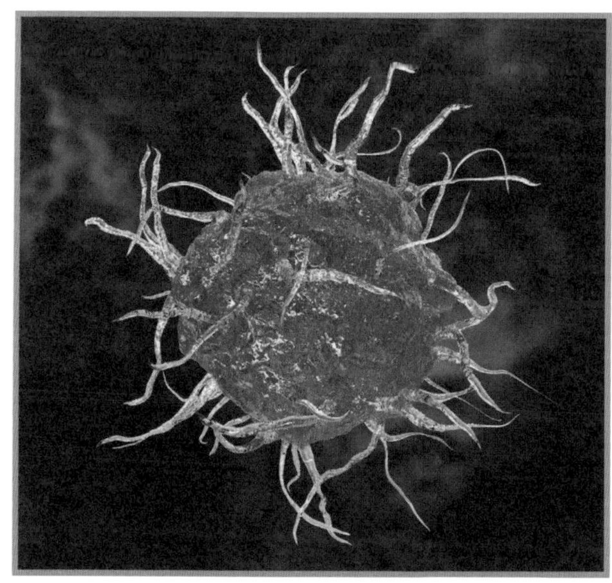

© Kateryna Kon | Dreamstime

漫畫中的樹突細胞

- 樹突細胞位於皮膚中的淋巴結。
- 到達感染處與病原體纏鬥打仗。與病原體戰鬥這一點雖然與巨噬細胞相同，但樹突細胞同時擔負了通知其他免疫團隊成員的職責，告訴他們病原體入侵了，免疫部隊正展開攻擊。
- 樹突細胞周圍有突起的觸角，外觀獨特。

啊——
壞掉了。

眞是千鈞
一髮啊～

第4章 難道愛里佳得了流感?!

探索筆記

流感這個詞是源自於義大利文「influenza」，意思是「影響」。中世紀的義大利認為到了某個季節、時期，便會周期性流行起來的流感是因為「天體影響而造成的現象」。

譯註：「病毒」的日語發音近似「布魯斯」。

細菌和病毒
是完全不一
樣的東西！
莎拉老師，
病毒不是細
菌嗎？
沒錯！
細菌和病毒
不一樣嗎？
相對的，
病毒的大小約只有
萬分之一公釐。
首先是大小不同，
細菌是五百分之一公釐
到百分之一公釐，
所……所以
就是說病毒
很小喔。
個……十……
百……千……！
也就是說，病毒只
有細菌的二十分之
一到百分之一的大
小而已喔。
……
……阿健，從今天
開始你的數學功課
要增加三倍喔。

因為病毒無法自己繁殖，所以必須靠其他細胞的幫助。這個特徵有點像遊戲機的軟體，遊戲的資訊（病毒的遺傳基因），得安裝在遊戲機（細胞）上才能運作。

探索筆記

日文的感冒（風邪）一詞是來自於中國，以前認為空氣的流動（風），會對身體造成不好的影響（邪）。

說愛里佳得
了流感……
所以她明天
也請假了。

流感?!

流感就是我們剛
才說的病毒所引
起的疾病啊。

就是那個嗎？
會嚴重到發高燒，
最壞的情況還
會死掉的可怕
疾病嗎？

……是啦。

我們去幫她……！
……

將流感病毒打敗，
把愛里佳的病治好！

什麼？

我們坐可羅納號進入愛里佳的身體裡。

可羅納只要在那時候把病毒資料記錄下來就好了。
只能這麼做了！
走吧！我們去幫愛里佳！

不行喔！
無論我是以老師的身分或是大人的身分，都不允許。

咦！
莎拉老師，
爲什麼？

你要怎樣打敗流感病毒？
戰鬥？
因爲我們既不了解人類的身體，也不了解病毒。

可……
可是……

聽好了，
阿健。
這跟我們之前那樣，只是單純在身體裡走走看看是完全不一樣的。

跟病毒對抗，無論是對你們還是對愛里佳會產生什麼影響，這些都不知道呢！

所以你不要隨便說出什麼要打敗病毒這種話。

可羅納，
那你打算怎
麼做呢？
你冷靜下來
可羅。
等一下要做
的事大家都
會很安全。

爲了愛里佳
的病。
而且，

會非常好玩
喔可羅。

久等了
——！
嘿
嘿
嘿嘿

小可羅，
拿去吧！

將這個對著正在
睡覺的愛里佳，
然後按下按鈕了。
我照你
的要求，
拜託愛里佳
的媽媽，

好了，
這樣愛里佳
的全身掃描
就完成了。
可以讀取身
體全部的資
訊可羅。
欸，可羅納
你打算要做
什麼？
興奮
差不多該
跟我們說
了吧！
興奮
興奮
就是這個！
這是我以防萬一，
帶來的新裝備！
唰
唰
「完全進入
模擬裝置」
可羅！
出
匡噹

咚——咚

哇，
變成好大
一個喔！

歡迎！
WELCOME!
唔
唔
好……
好厲害喔！
好像
科幻電影喔！
因爲它同時讀取了愛里佳的身體資訊，還有體內細菌和病毒的資料了。
所以這裡是與眞正的愛里佳一模一樣的「虛擬愛里佳」可羅！

阿健他們進入的模擬裝置，並不是在遙遠的未來才能實現。最新的醫學技術中，可以利用超級電腦模擬高難度的心臟手術，以虛擬呈現的方式進行研究。

探索筆記

「電腦病毒」會引起社會騷動，當然這跟入侵動物身體的病毒不一樣。電腦病毒是透過網路來「傳染」，入侵其他電腦來增殖、破壞資料等，所造成的損害與病毒相近，因此有了這個名字。

哇啊！
虛擬愛里佳好大喔！
NOW LOADING
影像展開中

哇啊！
這是角色
扮演耶！
鏘
鏘
鏘
哎呀呀♡
突然很想
玩一下，
扮演英雄
看看可羅。
嘿嘿♡

馬也會感染流感，會發燒超過四十度、咳嗽、流鼻水等症狀，傳染給其他馬的速度很快。二〇〇七年的札幌賽馬場，曾發生因為出現馬流感而取消賽馬比賽。

這是感染流感的人，打噴嚏的時候噴出的「飛沫」，
飄
這是什麼?!看起來像水球……
飄
飄
也就是小小的唾液。

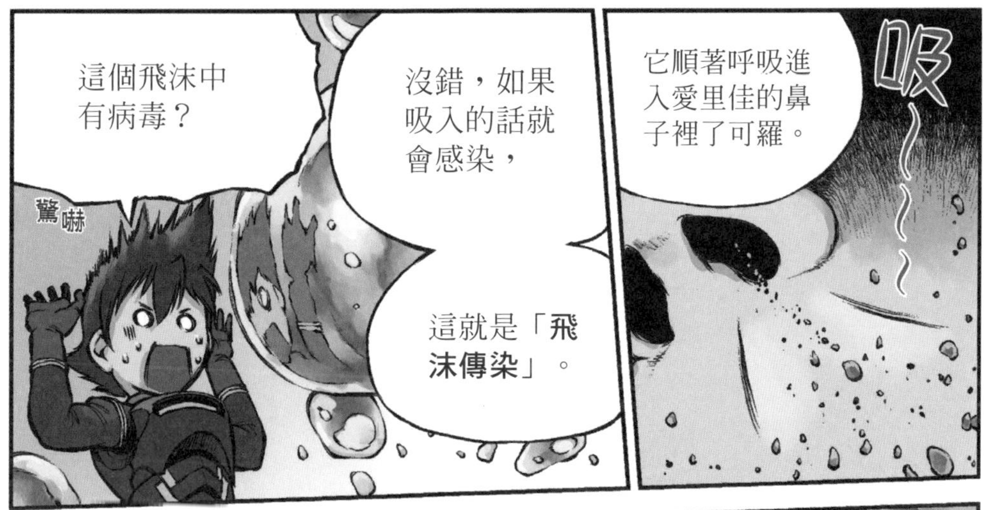
吸~~~~
它順著呼吸進入愛里佳的鼻子裡了可羅。
沒錯，如果吸入的話就會感染，
這個飛沫中有病毒？
驚嚇
這就是「飛沫傳染」。

哇，好像真的在飛耶！
好！我們也跟著病毒一起衝進去！
轟隆隆隆

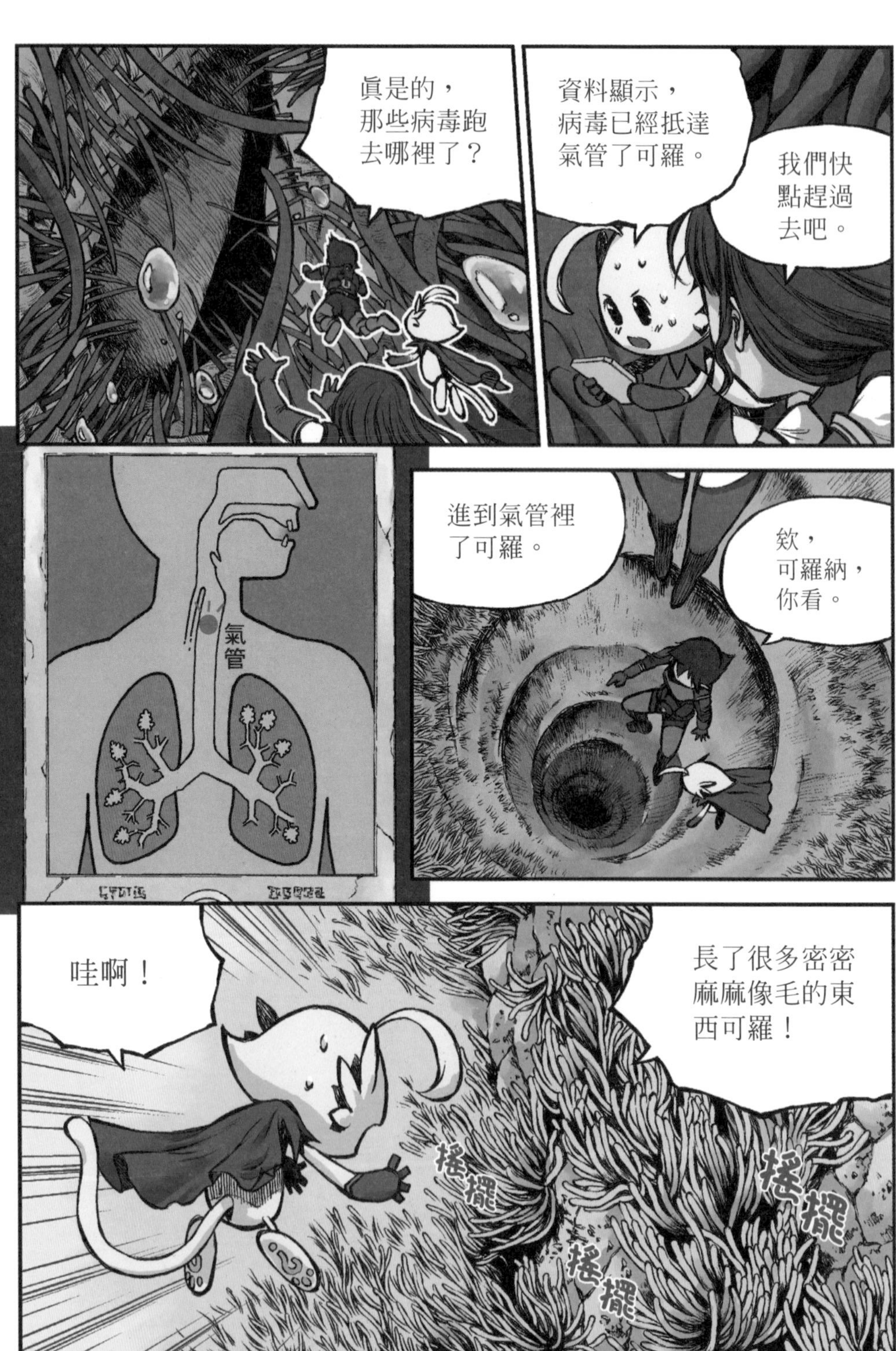

眞是的，
那些病毒跑
去哪裡了？
資料顯示，
病毒已經抵達
氣管了可羅。
我們快
點趕過
去吧。
氣管
進到氣管裡
了可羅。
欸，
可羅納，
你看。
哇啊！
長了很多密密
麻麻像毛的東
西可羅！
搖擺
搖擺
搖擺

找到了！流感病毒！

病毒附著在沒有纖毛的氣管表面上可羅！

嘶 嘶 嘶 嘶

這個是……

又是因為擬人化後變得太可怕了可羅。

探索筆記

傳染病就是在人群聚集的地方會散播傳染，特別是學校為了預防傳染，日本法律規定如果有出現感染者，就得請那位感染者不要到學校上課。流感病毒（禽流感除外）也在法律規定的範圍內，在規定的天數內感染者不得上學。

哇——！
變寬了！
咻啵
咚—咚

發炎症狀不斷出現可羅。
所以現在的狀況是怎樣？
嗡嗡嗡嗡嗡嗡
話說回來，就跟我們在岩熊老師那裡看到的情況一樣……
這個空間被像是液體的東西給塞滿了，
可是卻能在這裡呼吸可羅。
因爲是模擬裝置的關係吧。

咯咯咯咯咯
是第二層防衛隊！
好厲害
可羅！
是巨噬細胞！
爲什麼數量那
麼多？
以防萬一我
先問一下，
我們不會又
被攻擊吧。
我已經做好設
定，他們不會
把我們當作異
物可羅。
這樣我就
安心了。
咚咚咚咚

唰啊啊啊　啊啊
吞
加油
～～～～～！
吞噬
吞噬
隆
把病毒都
吃掉！
轟隆隆
吞噬
吞噬

黏住
緊貼
附著
扭捏
鑽入
鑽入
老師！
妳看病毒進到
細胞裡面了！
所以這樣放
任他們入侵
細胞的話，
病毒就會不
斷增加，
我記得妳
之前說過，
病毒沒辦
法自己增
殖……
情況會變得
很嚴重！
沒錯……
只要進入人
類的細胞裡
他們就能夠
複製繁殖了。

這樣不就
糟了！
喂——！
大家來這邊！
這邊啦——！
快來吃掉
他們可羅
——！
咯咯
咯咯
快點多
吃點！
咬咬
吞噬
吞噬
咬咬
吞噬
一定要阻止病
毒的入侵啊！
不用擔心啦！
我們會努力吃
掉他們的！
吞噬
旋轉
吞噬
吞噬
吞噬

你是誰？
蛤？
慌張
我我我們
是巨……
巨噬細胞！
慌張
唔！
我們原本是長
那個樣子沒錯，
不過爲了配合模擬
裝置的負荷能力。
騙人，
那邊的才是
巨噬細胞。
爲了減輕電腦的負荷，不
得已才變成這個樣子的，
實際在人體裡是不會有這
種事情發生的，
CPU使用率
似乎不太妙
嗚
嗚
純粹是外星人
的問題！

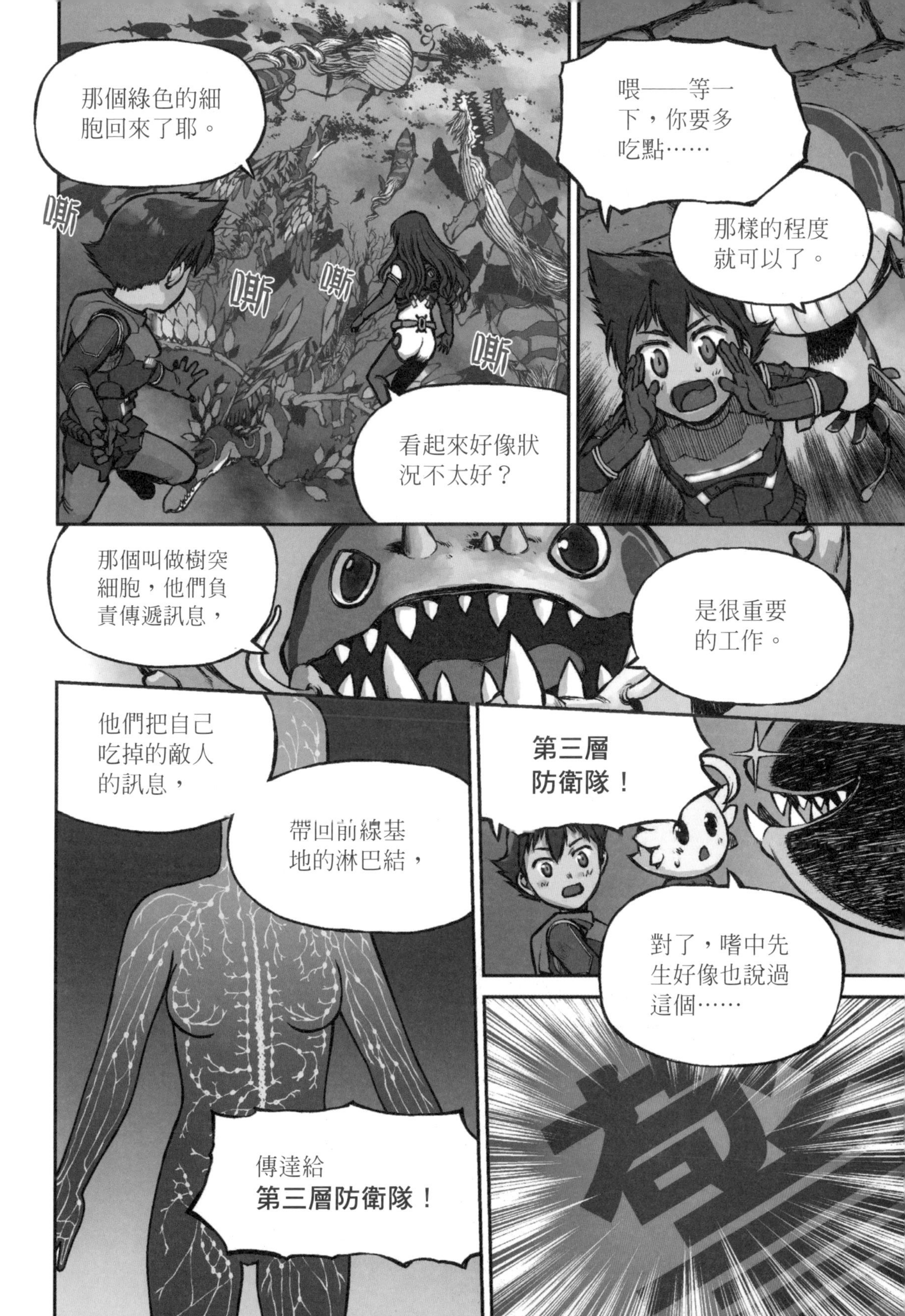
喂——等一下，你要多吃點……
那樣的程度就可以了。
那個綠色的細胞回來了耶。
嘶
嘶
嘶
嘶
看起來好像狀況不太好？
是很重要的工作。
那個叫做樹突細胞，他們負責傳遞訊息，
第三層防衛隊！
他們把自己吃掉的敵人的訊息，
帶回前線基地的淋巴結，
傳達給
第三層防衛隊！
對了，嗜中先生好像也說過這個……

嗶
嗶
警報
WARNING WARNING
嗶
嗶
警報
WARNING WARNING
警報
WARNING WARNING

撤退！
搜尋到開始增殖的病毒基因！

警報！警報！
搜尋到開始增殖的病毒基因！

嗶
嗶

糟了！
病毒已經開始增殖了！

嗶
噼
嗶
啪
嗶
嗶

咕嚕
咕嚕
咕嚕
咕嚕
嗶
嗶
嗡
嗶
嗡
嗶
是病毒！
不斷在增加！
嗶
嗶

新型流感病毒的威脅

流感與感冒症狀雖然相似，但對人類所造成的傷害程度卻完全不同。比如數十年才會出現一次的，流行性新型流感，僅僅數天就會使全世界的人類遭受生命危險。科學、醫學何時才能宣言「撲滅流感」呢？

「感冒」與「流感」有何不同？

感冒與流感的起因都是病毒。與感冒的症狀相較，流感的症狀會急速惡化，而且很嚴重。體溫也會升至攝氏三十八度至四十度，更糟的情況會引發肺炎與腦炎等重症。

流感病毒有A型、B型、C型三種，只有A型異於其他種類，必須特別小心。因為病毒容易變異而且能躲過免疫系統。（關於免疫系統請看第151頁。）

感冒與流感的差異

	感冒	流感
病毒	鼻病毒、冠狀病毒、腺病毒等	流感病毒
發病時期	一整年都會	在冬季流行
發展	緩慢	急速
發燒	些微發燒（37～38℃）	高燒（38℃以上）
主要症狀	打噴嚏／喉嚨痛／鼻涕、鼻塞等	咳嗽、喉嚨痛／鼻涕／全身疲憊／食慾不振／關節痛、肌肉痛、頭痛等

因為從來都沒有人感染過，所以可怕的「新型流感」

會感染人、鳥、豬等的A型流感病毒，有一百四十四種。會感染到鳥類或豬或人類，還有傳染力與毒性強弱，都取決於病毒表面的突起種類。其中會感染鳥類的H5N1型禽流感病毒毒性最強。

通常A型病毒只會在同類動物之間傳染，但達到某種條件後便會傳染給其他動物，也會變異成新型病毒。比如禽流感病毒從鳥類反覆傳染到人類期間，會變異成從人類傳染給人類的新型流感病毒。這就是「新型流感」，可怕的地方在於它是前所未見的病毒，任何人都對這種A型病毒沒有免疫力。因此在某處出現感染者，就會瞬間擴大感染。特別是毒性強的H5N1型禽流感，感染後發病者有六成會死亡，因此要極度警戒。

如果引發了「瘟疫」

所謂瘟疫，是指世界性的傳染病大擴散。新型流感造成的瘟疫，以往曾數度出現。1918年的H1N1西班牙型流感瘟疫，造成全球有超過四千萬人死亡。現代由於人口朝都市集中，還有以噴射機為代表的高速交通工具發達，預測H1N1將可在短期內蔓延至整個地球。專門蒐集世界各國保健衛生相關情報並予以發表的聯合國專門機構WHO（世界衛生組織），將新型流感設定出六個危險等級（Phase）。實際上WHO在2009年6月，就開始警戒HIN1型新型流感的擴大感染，並宣告第六等級的緊急狀態。在發生瘟疫的情況下，應如何準備與因應，以及最新狀況的情報，可參照日本厚生勞動省的網頁。

階段	狀況
1	檢驗出可能從動物傳染到人類的流感病毒，然而未從人類身上驗出新型流感病毒。
2	雖然未從人類身上驗出新型流感病毒，但從動物身上驗出會傳染給人類的高度危險性病毒。
3	確認新型流感會感染人類，不過病毒尚未能存活至成功傳染給他人。
4	新型流感會以人傳人方式感染，但遭到感染者還不多。
5	新型流感以人傳人方式逐漸感染，發現遭到感染的集團。發生瘟疫的可能性提高。
6	瘟疫發生，世界各地的感染急速擴大。

第5章 抑制病毒的增殖吧！
爲什麼……
唰
唰
唰
唰
唰
爲什麼會變成這樣呢？
我們現在所知的是，他們的基因裡
排列著自我增殖的訊息。
病毒的存在，人類還是無法預測。
他們只是遵循著，
嘶
嘶
嘶
嘶
整齊劃一地行動而已。
就算是這樣……

就算是
這樣也
不能輸給
病毒。
緊急
大
大口吃鎚子！
這樣一來，
阿健也是小巨
噬細胞了！
啪噠
啪噠
彎曲
彎曲
彎曲
老師是大人，
所以是大巨噬
細胞可羅！

出發！
游擊隊
出動！
吞噬
哇啊啊啊!!
吞噬

吞噬
唰
吞噬
嘿！
啪嘰
啊啊啊
吞噬
開始囉！
咬咬
喀嚓
喔喔喔喔
咕
咕—咕咕
嘿！
嘿！
看我的
嗤—
膨脹膨脹
吞噬

嘎
嘎
嘎
三倍速只是一個大概的說法，
總之就是很快！
……搞什麼！他們是以三倍的速度在對戰啊！
嗯！
好！
嗯！
我們也不會輸的！
吃吃吃，不斷拚命地吃！
咚
咚
咚
咚

咕嚕
咕嚕
咕嚕
可惡……
這些傢伙
是怎樣？
呼
呼
呼
唔喔喔喔喔
噗嘶
啪唧
棒打
噗嘶
啵
啵
根本來不及
消除……
無論怎麼打倒
他們，他們還
是不斷增殖。
啵

千個
了……
二十四小時後
就會增加到
十億個……
只要周圍有細
胞，病毒就會
不斷增加。
所以
老師
如果愛里佳
的所有細胞，
都被病毒入
侵的話……

愛里佳會怎麼樣呢……？

轟

咚

搖
晃
!?
搭
砰
砰
這……這
些傢伙
在破壞愛里
佳的細胞！

啪
等……
等一下——！
啪
住手……

變成癌的細胞
和遭到病毒感
染的細胞。
正在一併
攻擊消滅
他……他們是
我們的伙伴！

他們是
自然殺手細胞
（NK細胞）！
嘶
嘶
嘶
嘶
嘶

如果你得了流感，為了避免咳嗽和打噴嚏散播傳染，請務必戴口罩。如果你沒戴口罩，請避免面朝其他人的臉，或用衛生紙或手帕來遮掩口鼻，咳嗽時請與人距離超過兩公尺，請務必顧慮其他人的身體健康。

這樣的話，就能阻止

砰砰砰砰

病毒的增殖了可羅！

可是你看這個！

因爲自然殺手細胞的攻擊，很多細胞被破壞了可羅……
虛擬的愛里佳還好嗎？
當然沒問題啊！會分泌大量的黏液
來確實修補受傷的喉嚨黏膜！
眞的嗎？

可以看一下虛擬愛里佳現在的狀況嗎？
調出畫面來可羅。
嗡嗡
嗶嗶

愛里佳！

哈啾！

嗡

嗡

現在

抓
抓抓
嗚
喉嚨痛，
不停地咳嗽
和打噴嚏。
感冒了嗎？
這個時候差
不多出現自
覺症狀了。
從容地打
噴嚏嗎？
蛤！
沒—
事—
竟然！
在這麼嚴重
的時候！
唔嗄
沒——
事——
真是隨時
都無憂無
慮的傢伙。
盯——
盯——
盯——
而且愛里佳真
正狀況不好的
是喉嚨以下的
地方吧。
盯——
盯——
盯——
盯——

你們在看
什麼！
把你們
吃掉喔！
盯——
盯——
盯——
盯——
盯——

驚嚇
接近
接近
接近

進到血管
裡了！
莎拉老師！
他們附著
到血管上
了可羅！
!?
糟了！
扒住
黏住
黏住
嘶
嘶
嘶
嘶
嘶

嘶
病毒要通過血管，去攻擊內臟了！
不可以進到血管裡！
嘶嘶
病毒那些傢伙一個接一個來了——！
休想——！
噠噠
嘶嘶
咻咻咻

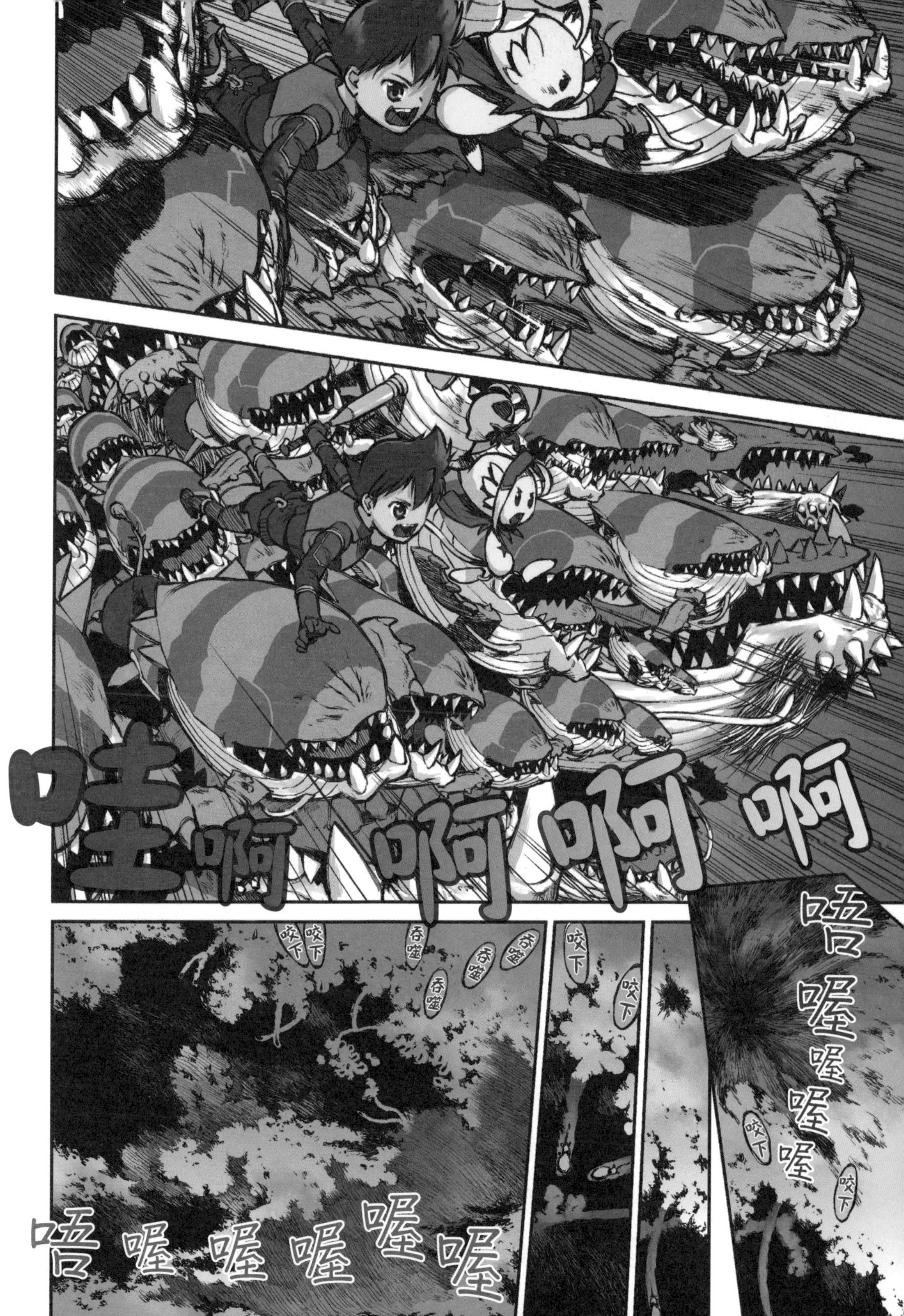
哇啊啊啊啊
唔喔喔喔喔
咬下
咬下
咬下
咬下
咬下
咬下
吞噬
吞噬
吞噬
吞噬
唔喔喔喔喔喔

呼
呼
呼
唔
喔
喔
喔
喔
喔
搖搖
晃晃
呼
頭暈
看……是
哪一邊……
先被打敗，
是勝負的關鍵
可羅～～
你們兩個
太拚命了！
先休息一下吧！
……
……
吁
目眩
吁
可……可羅納，
接著……去……
那邊……
是讓你先
休息嗎！
?
吁～
吁～
好，就先休
息吧～～
吁～
不要讓我做這種
苦差事啦～～
嘶嘶
不過……
人類
即使遇到這種
情況也能好好
應對～～
哭哭

嗶嗶嗶嗶嗶嗶
虛擬愛里佳釋放出體溫上升的物質了！
釋放出體溫上升的物質！
體溫上升？
確實感覺四周……
開始變熱了！
咻 唔 唔 唔 唔
你看！螢幕上顯示，
虛擬愛里佳的體溫，
嗶
37.8度
嗶
不斷往上升了可羅！
嗶 嗶
38.2度
嗶

咻——
唔
唔
體溫升高的意思就是……
發熱？
她在發燒！
咻——
唔
是這樣沒錯……
病毒……
疲累
有很多病毒很難在變熱的環境中活動與增殖。
全部病毒的活動力降低中。
嘿嘿嘿
降低中。
暈眩~~
暈眩~~
暈眩~~
真的耶！他們的動作變遲鈍了可羅！
動作變遲頓，也就是說他們增殖的速度變慢了。
巨噬細胞的攻擊就會變得簡單一點了。
轟隆隆隆
CPU的負擔降低！
轟轟
轟轟

是報仇的時候了！

你眞的是
巨噬細胞耶！
耶
耶
啊……我就
是在等這個
時候。
但是如果體
溫超過41.7
度C的話，
就會造成腦
部損傷……
所以這一
點要十分
注意。
像這樣，
人類身體發
高燒的話
病毒會
變弱。
我們打仗會變
得容易一些。
是喔……
原來發燒是因爲
這樣的啊……
是人類保護
自己身體的
機制。

喔——！
「75628太郎」
也參戰了喔
——！

咚
咚
咚

……

原來……
有名字啊
可羅。

他到底有
幾個兄弟
啊……

呼
嗶
僵硬
啊
嗶
通知
僵硬
稍微休息
一下吧。
……巨噬
細胞好像
很厲害，
坐下
應該沒問
題了吧？
呼哈～
在虛擬愛里
佳身體裡所
經過的時間
已經追上現實
的愛里佳了可
羅……
唔
呼
呼
卡嘰
唔……

呼
發高燒很難受的……
現在的愛里佳也……
是一樣的啊可羅。
呼
雖然是虛擬愛里佳，可是看她這樣我好難過。
熱 39.1度
UTION CAUTION
……
沒錯……
我們看到的病毒與防衛隊的戰鬥
現在在愛里佳的體內也……
正在發生中。

唰
唰
現在不是
休息的時候！
啊！阿健！
嘶
哇啊啊啊啊啊
嘶
嘶

在這個虛擬裝置中無論打倒了多少病毒，
現實的愛里佳也不會康復……
我想這一點阿健也很清楚啊。
眞的知道嗎可羅？
嗯……大概吧。
但是我能理解他無法靜下來的心情。
好了，小可羅，你也一起來吧。♡
哇啊啊啊啊啊啊啊啊
啊啊啊啊啊啊啊啊
啊！這個好好玩喔可羅！

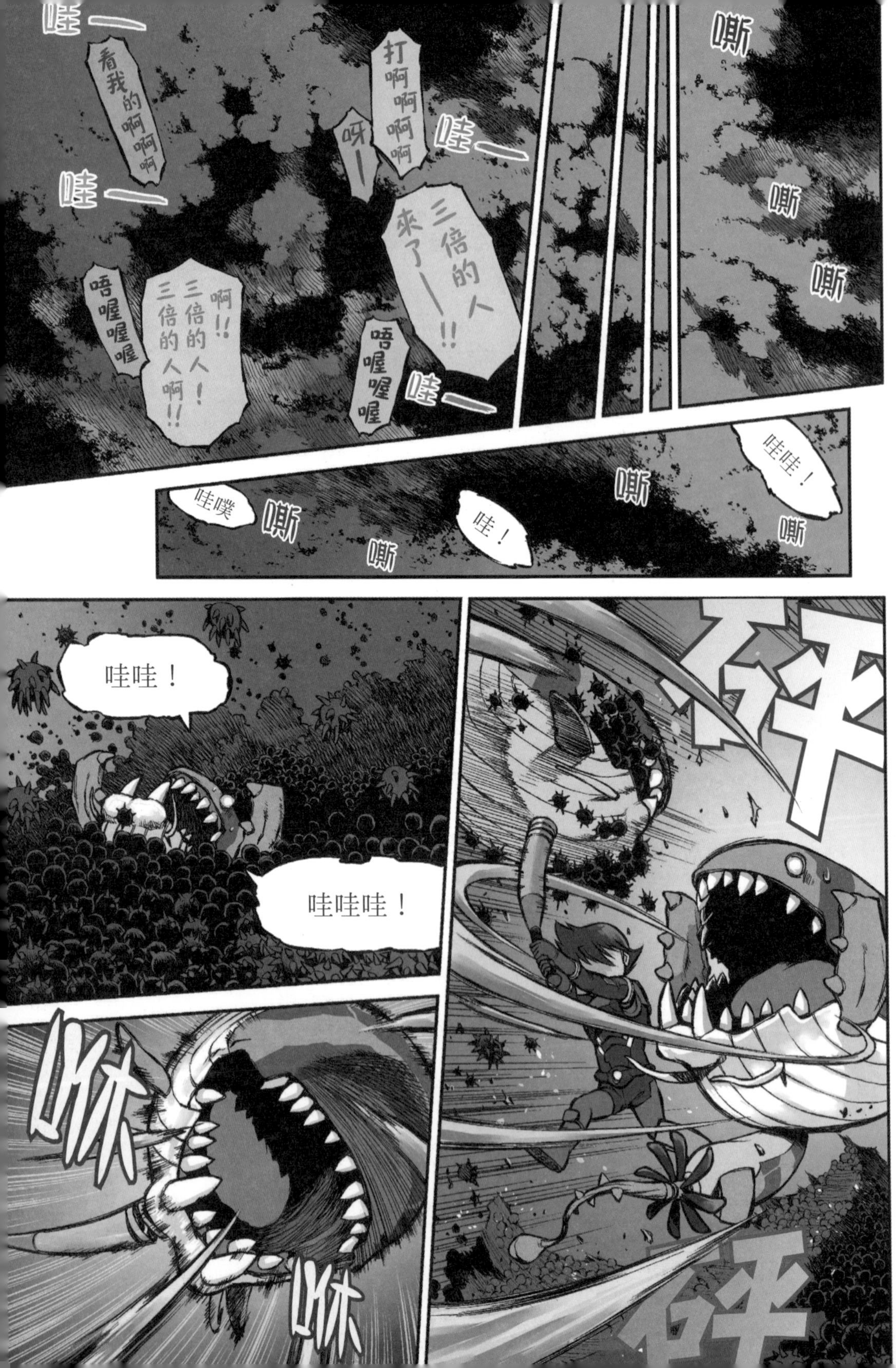

嘶
嘶
嘶
三倍的人來了——!!
唔喔喔喔
哇——
打啊啊啊啊
呀——
哇——
看我的啊啊啊
哇——
啊!!三倍的人!三倍的人啊!!
唔喔喔喔
哇——

哇哇!
嘶
嘶
哇!
嘶
嘶
哇噗

砰
哇哇!
哇哇哇!
咻
咻
砰

哎呀！
還是真是湊巧啊！
你是剛剛的？
擊拳
剛才遇到的大家！真的很感謝你們啊！
我打倒很多敵人了，現在要回去了。
你在幹什麼啊！
你振作一點！還有很多病毒耶。
不不。
其實……

這場戰爭——

嘶
嘶

我們已經贏了——

第三層防衛隊！
因為得到「後天免疫系統」戰隊已經出動的消息了！
嘶
嘶
他們跟我們這些人類與生俱來的「先天免疫系統」戰隊不一樣，
其實只要生過一次病，或是接種了預防疫苗後獲得的免疫力，
稱作「後天免疫系統」！
嘶
嘶
嘶
第三層防衛隊「後天免疫系統」戰隊
以特定的敵人作為目標來攻擊！
可以說是人類的特種部隊！

以特定的敵人為目標？
不久之前，樹突細胞才脫離了戰線。
把敵人的情報帶到在前線基地的淋巴結。
第三層防衛隊根據那些情報，鎖定特定敵人，
來準備戰鬥！
啊
第三層防衛隊，一口氣將這場戰爭做個了結吧！
吼吼吼
吼吼
T細胞部隊與B細胞部隊出場！

而現在登場的是
啪
嗯
殺手T細胞！
他們會將病毒感染的細胞
啪咻
一起消滅掉！
等一下。
那不就跟自然殺手細胞一樣嗎……？
咚
咚
殺手T細胞會確實攻擊鎖定的目標。
嘎嘎
自然殺手細胞則是只要看到可疑的細胞就攻擊，
在細胞膜上鑽洞。
這就是他們兩者的差別！
噗咻
Lock!
鎖定細胞
注入蛋白質到內部破壞細胞。
消滅

那個是輔助T細胞！

是下令殺手T細胞與B細胞攻擊的司令官！

轟隆轟隆轟隆

他具有讓周圍的隊員活化、更有活動力的功能！

而且同時釋放出稱作細胞激素（cytokine）的物質，

至於那個是調節T細胞！

他的工作是控制太過猛烈的攻擊，

對部隊發出結束攻勢的指令，是調節、控制的角色！

好像很厲害。

感覺很適當地調度管控啊可羅。

然後接著登場的是！

B細胞！
轟
隆
隆
隆
隆
他們是
第三層防衛隊的
「導彈部隊」！
導彈是指？
是發射導彈攻
擊嗎可羅？

這個是——
啪唧
啪噹
我們的「王牌」！
威
嚇
導彈的名字是——
「抗體」！

砰
好厲害！
砰
將病毒一網打盡，
全面圍捕！
砰
砰
啪將
啪噹
鎖
住

嘎咻…
嘎
嘰
嘎
嘰
嘎….
巨噬細胞
緊接著
把抓到的病毒
一個一個都吃
掉了可羅！

那個「抗體」是什麼？
伸展
彎曲
那是爲了將入侵身體裡的異物……
像這一次的狀況是流感病毒，
是爲了將異物排除所製造出來的物質。
啪噹
啪噹
啪將
咻咻
身體防衛隊是如何製造出
這麼有效果的抗體的呢？
第三層防衛隊「後天免疫系統」戰隊只要接收到病毒資訊，
就會去查詢紀錄的清單，確認那個病毒是不是應該要攻擊的敵人。
順帶一提，那個清單裡
記載的項目高達一千兆筆。

探索筆記

現在有人在進行將病毒運用在健康上的研究。基因治療的技術，利用病毒會進入細胞裡的特性，將能製造出治療物質的酵素的基因，放入無害的病毒中重組，然後運送至特定的細胞中。

後天免疫系統的成員記憶T細胞與記憶B細胞，

他們記住這次的敵人，

在身體裡隨時準備好，就能快速產生應對措施！

這個虛擬愛里佳感染還不到三天……那表示愛里佳有施打預防接種囉。

預防接種是什麼可羅？

預防接種是預先在身體裡記住敵人資訊，先製造出抗體的意思。

我們巨噬細胞所吃掉的紅色病毒是有抗體記號的病毒，多虧了有預防接種！

抗體的威力眞厲害！病毒幾乎一個都沒了可羅。

雖然現實的愛里佳還在因爲發高燒而痛苦。

所以……阿健，怎麼樣？

再來你要去幫助現實的愛里佳嗎？

那是因爲身體裡的防衛隊正在拚命打仗。

……

抓頭 抓頭

不用了啦。

我已經知道了，

就算我們不多管閒事，只要交給身體防衛隊，就沒問題了……

！

我們也該回去了！

對啊！

身體防衛隊，加油——！

愛里佳，加油——！

模擬結束……！

探索檔案 3 QUEST FILE

迎擊強敵病毒的防衛隊

先天免疫部隊抵抗細菌入侵的防線被攻破的話，更為複雜強大的後天免疫系統戰隊就會開始部署，主角為「B細胞」與「抗體」，以及「殺手T細胞」。與先天免疫部隊不同的地方，在於針對某一個抗原（病原體等），會由既定的抗體、既定的殺手T細胞發動攻擊。

擁有「天生殺手」名號的細胞

自然殺手細胞（NK細胞）

漫畫中的自然殺手細胞

- 雖然是先天免疫系統部隊的成員，但主要活躍於攻擊癌細胞還有遭病毒感染的細胞。
- 存在於血液中、淋巴結、脾臟、骨髓等地方。
- 如果有感染到細菌或病毒的細胞，自然殺手細胞會連帶將發現到的癌細胞一起攻擊。殺手T細胞則只攻擊遭到病毒感染的特定細胞，相對之下自然殺手細胞在非常早的階段就開始展開攻擊了。
- 將攻擊用的蛋白質注入到目標細胞內。

「B細胞」與其特殊武器「抗體」

B細胞

漫畫中的B細胞

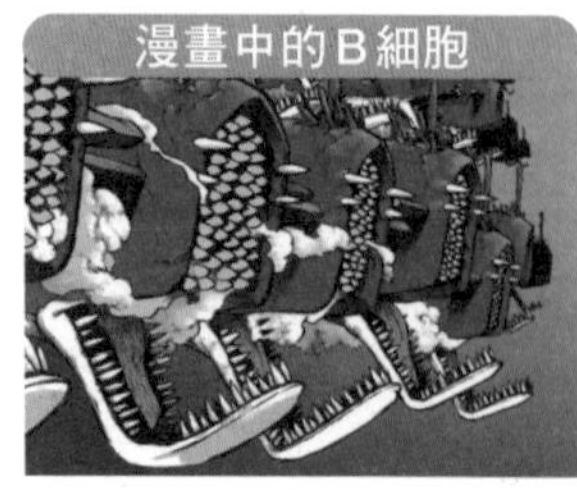

- 秘密武器「抗體」，能黏在病毒（抗原）上發動攻擊。
- 能記住遭遇過的抗原，遇到同樣的抗原再度入侵時，會製造出可迅速產生抗體的記憶B細胞。

【抗體】貼到病毒等物身上，讓嗜中性球與巨噬細胞能輕鬆吞噬。能將細菌等物所釋出的毒素中和並消去毒性。

漫畫中的抗體

從T細胞分化出來的夥伴

輔助T細胞

漫畫中的輔助T細胞

- 是從T細胞所分化出來的免疫部隊司令官。會促進巨噬細胞貪食的特性，分泌出各種化學物質活化B細胞，讓B細胞能夠製造出更多抗體，並刺激活化殺手T細胞。

殺手T細胞

- 是從T細胞分化出來的免疫細胞，接受輔助T細胞的指令，明確攻擊鎖定的目標。狙擊的目標包括遭病毒感染的細胞和癌細胞。
- 在目標細胞內注入攻擊用的蛋白質，啓動能將基因四分五裂的程序後，遭受感染的目標細胞就會自爆（細胞自殺）。

漫畫中的殺手T細胞

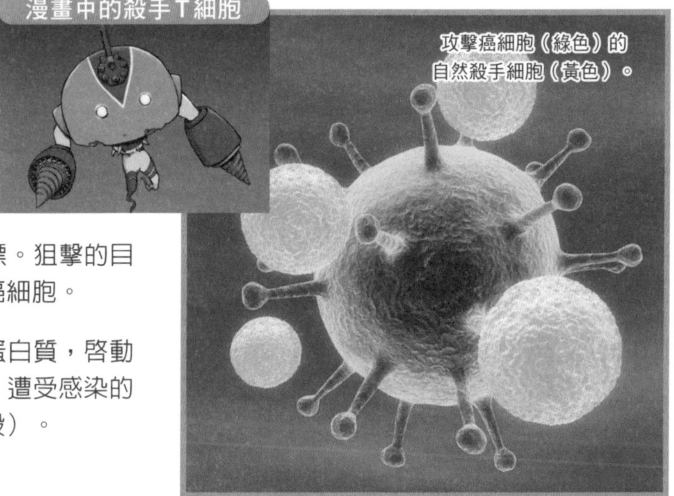

攻擊癌細胞（綠色）的自然殺手細胞（黃色）。

利用免疫機制預防疾病的「預防接種」

只要得過麻疹或水痘後就不會再得，即使得了症狀也是輕微的，這就是所謂的「產生免疫力」，這種機制也活躍於B細胞與殺手T細胞中。先天免疫抵禦失敗的話，B細胞就會大量發射出狙擊特定病原體的抗體，抗體貼到病原體上，巨噬細胞會以此鎖定目標吞食。另一方面，殺手T細胞會發動攻擊，殺死遭感染的細胞。這麼一來就能治癒疾病，像這樣製造大量抗體要花上好幾天，這段期間內病況會繼續發展。不過在同樣的病原體再度入侵時，製造抗體的B細胞會先出現一些，迅速製造抗體並展開攻擊。

預防接種施打的疫苗就是運用了這種機制，即使是遭到感染也不會發病。使用疫苗的預防接種，是注射弱毒性病毒進入體內，然後病毒會以不至於發病的程度，在體內增殖。身體會因為這種無毒病原體，而出現免疫反應產生出抗體，在真正的病毒入侵時便可以立刻發動攻擊，而不會發病。

免疫細胞與病毒戰役

1 病毒入侵。

2 入侵的病毒進入細胞內複製自己的基因，在細胞內大肆釋出病毒。生病的狀態。

3 巨噬細胞或樹突細胞會吃掉病毒，判定病毒的種類，將這些資訊傳達給T細胞。

4 T細胞分裂增生。

5 接收到輔助T細胞指令的B細胞，分裂增加數量，分化出製造「抗體」的細胞（漿細胞）。

6 從B細胞分化出來的漿細胞製造出抗體，抗體是能附著到病毒上的特殊武器。

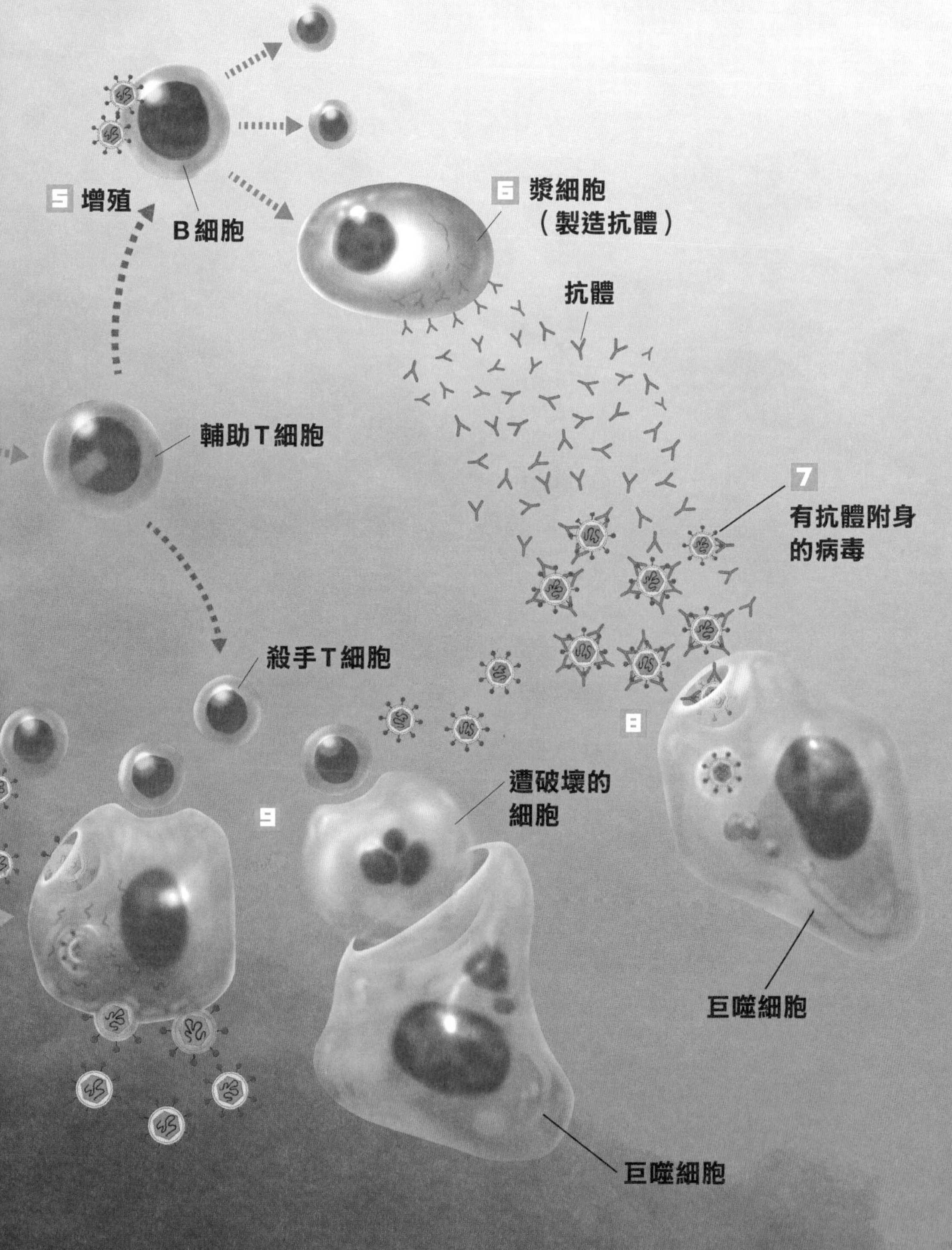

7 由於抗體附著到病毒上的關係，巨噬細胞等就很容易將病毒吃掉。

8 巨噬細胞會積極吞食遭抗體附著的病毒。

9 殺手T細胞會纏上感染病毒的細胞，然後自爆。

插圖：レンリ

這就是人體的防衛網，淋巴系統

淋巴結

位於下顎骨的下方。因感冒造成喉嚨痛與蛀牙的牙痛時會腫起來，這就是淋巴結腫大的真面目。

胸腺

位於胸骨上半部內側，是由T細胞所培育的組織。長大成人後就會變小。

負責免疫功能的細胞（免疫細胞）順著血液的流動，在全身上下巡邏著。而身為其中一種白血球的淋巴球，則擁有如本圖，和血管不同的淋巴系統，是淋巴球專用的巡邏網。

淋巴系統是由遍布在身體中的淋巴管、淋巴結、胸腺、胰臟、扁桃腺所組成的。淋巴結是淋巴球的停留處，集結T細胞與B細胞等各種免疫細胞，像堡壘一樣擔當起抵禦外敵的職責。淋巴管是淋巴球平時巡邏全身的專用通路，是因應外敵入侵形成的安穩的防衛網。

淋巴結是淋巴管的匯流處，這裡有巨噬細胞、樹突細胞等各種免疫細胞聚集。一旦有外敵入侵，這些細胞就會同時開始活動，為守護身體而戰。

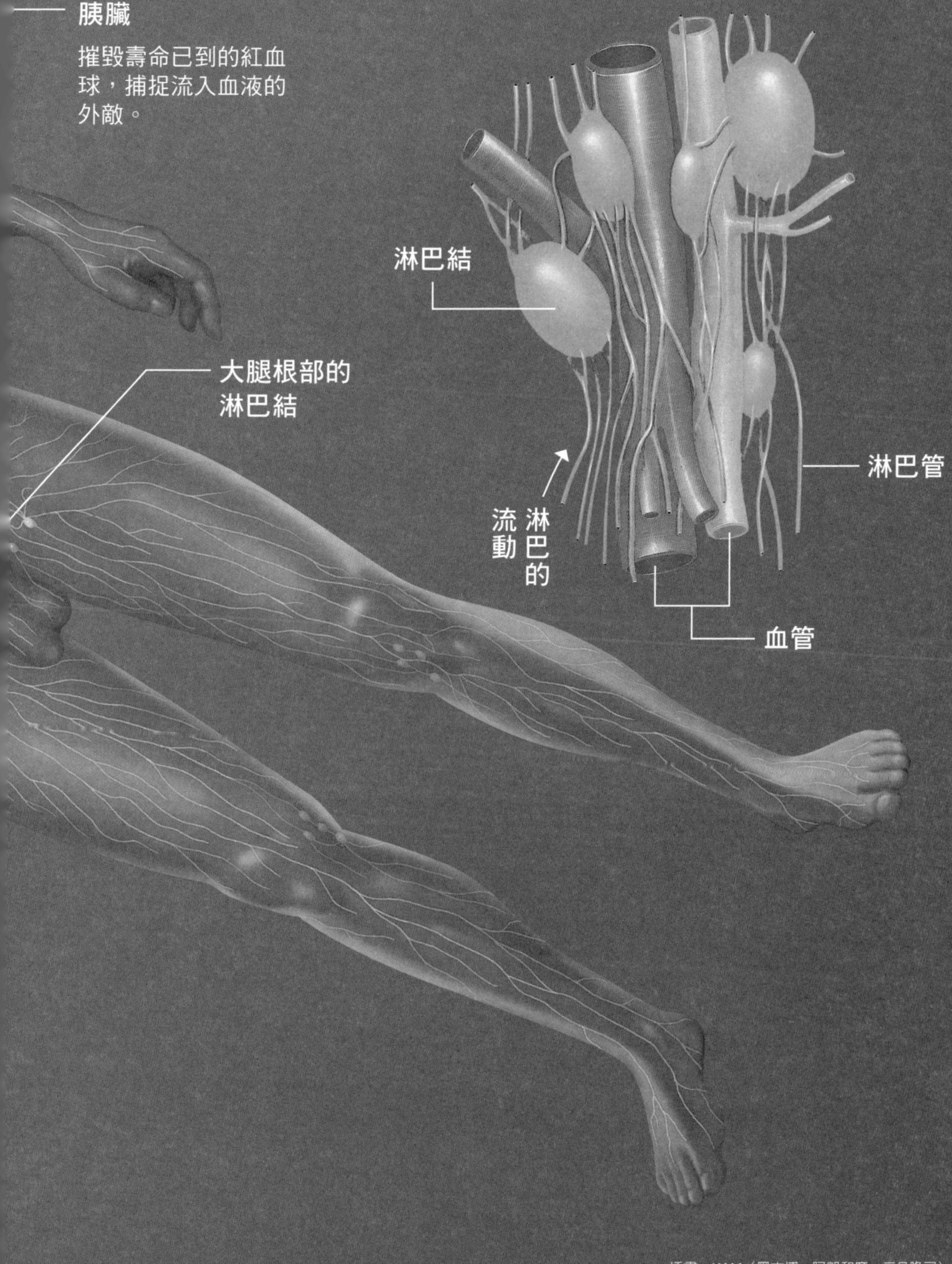

插畫：KAM（黑木博、阿部和摩、三品隆司）

第6章 自我治療的治癒力

愛里佳！發高燒很慘耶。

焦躁焦躁焦躁焦躁焦躁

阿健，你不用太擔心啦……

雖然生病滿痛苦的。

不是這樣的，愛里佳。

不過，果然是因爲病毒的關係，害我身體釋放出發熱的物質來，對吧。

為了避免感染流感病毒等，得注意不要讓自己的免疫力下降，所以養成運動的習慣很重要。根據研究，長時間持續運動的人與不運動的人相比，血液中的自然殺手細胞較活躍。

照理說模擬不會影響到現實才對啊可羅……
會有這種事嗎？
咦，你們在說什麼？
沒事，就說了沒事。
妳該不會是因爲發燒，所以做了什麼奇怪的夢了吧？
對……對啊。
嗯……是嗎？
也是啦。
好了，那麼我也差不多該回家了可羅。
什麼——？你要回去了？

日本厚生勞動省曾假設日本發生新型流感病毒，就其假設預估災害狀況並發表於官方網站上。依據那個報告全國約有四分之一的人，約三千兩百萬人會感染；五十三萬人到兩百萬人會住院；死亡人數約高達十七萬人到六十四萬人。

探索筆記

跟細菌與黴菌相比，病毒不耐高溫。幾乎所有的病毒只要加熱至攝氏五十到六十度，約三十分鐘，其活動力就會降低（不活化）。

在微生物中，也有即使在一百度高溫裡持續三十分鐘也能生存的。一些肉毒桿菌如果不在攝氏一百二十度高溫裡待上五分鐘的話，是不會被殺死的。破傷風菌則是要在攝氏一百〇五度高溫裡待上三至二十分鐘，才會被殺死。

探索筆記

從病原體進入身體裡到出現症狀這段期間叫做「潛伏期」，流感病毒的潛伏期是一至三天；霍亂是一至五天；細菌性痢疾是兩至七天；麻疹是九至十四天；德國麻疹是十四至二十一天；愛滋病則是兩週至六年。

在潛伏期間的感染者，在症狀出現前完全不會察覺到感染，被稱為潛伏期帶原者。依據不同的感染症，會在潛伏期中釋放出病原體，讓感染擴散。

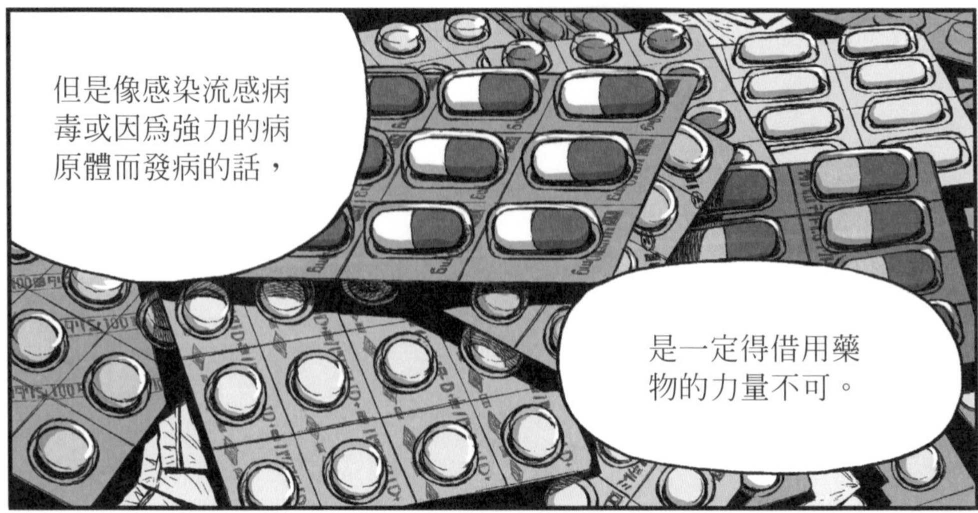

說眞的，
在我見到
身體防衛隊
之前，

我根本不知道身體有
對抗疾病的機制。

不過因爲這次的
經驗，我明白了。
人類爲了擊退
病原體，有好
多層的防護。

以自己的
力量，
來擊退
疾病。

……也就是說，
人類……嗯……
那個……

接種疫苗能有效預防流感，但預防接種的疫苗則是必須預測是哪一種病毒會流行。病毒會不斷改變形態，因為會有新型的病毒出現，所以預防接種也未必會有效。

厚，到底是什麼舞台啦——？

國家圖書館出版品預行編目資料

科學驚奇探索漫畫5：病毒入侵危機！/ 松本久志原作；小林芳郎監修；長田馨繪；謝晴譯. -- 初版. -- 臺中市：晨星，2017.12
面；公分. --（IQ UP；18）

譯自：ウイルスから人体を守れ！

ISBN 978-986-443-376-6（平裝）

1.科學 2.漫畫

308.9 106020470

IQ UP 18

科學驚奇探索漫畫5-病毒入侵危機！
ウイルスから人体を守れ！

監修	東邦大學名譽教授 小林芳郎
原作	松 本 久 志
漫畫	長 田 馨
譯者	謝 晴
責任編輯	呂 曉 婕
封面設計	王 志 峯
美術設計	黃 偵 瑜
創辦人	陳銘民
發行所	晨星出版有限公司 行政院新聞局局版台業字第 2500 號
總經銷	知己圖書股份有限公司
地址	台北 台北市 106 辛亥路一段 30 號 9 樓 TEL：（02）23672044 / 23672047 FAX：（02）23635741 台中 台中市 407 工業 30 路 1 號 TEL：（04）23595819 FAX：（04）23595493
E-mail	service@morningstar.com.tw
晨星網路書店	www.morningstar.com.tw
法律顧問	陳思成律師
出版日期	西元 2017 年 12 月 20 日
郵政劃撥	15060393 知己圖書股份有限公司
讀者服務專線	04-23595819#230
印刷	上好印刷股份有限公司

定價 280 元
ISBN 978-986-443-376-6
Virus Kara Jintai o Mamore!

黏貼處

廣告回函
台灣中區郵政管理局
登記證第 267 號
免貼郵票

407 台中市工業區30路1號
晨星出版有限公司

TEL：（04）23595820　FAX：（04）23550581
e-mail：service@morningstar.com.tw
http://www.morningstar.com.tw

科學驚奇探索漫畫 5

病毒入侵危機！

請延虛線摺下裝訂，謝謝！

填問卷，送好書

凡詳填《科學驚奇探索漫畫》系列讀者回函卡，
並附上 55 元的郵票（工本費），即可獲得好書乙本喔！

寄回《恐龍白堊紀冒險》回函

《黑暗之境 1 失蹤人口》

寄回《昆蟲世界大逃脫》回函

《黑暗之境 2 血脈之爭》

寄回《人體迷宮調查！食物消化篇》回函

《黑暗之境 3 暗夜陷阱》

寄回《人體迷宮調查！血液冒險篇》回函

《黑暗之境 4 時間詛咒》

寄回《病毒入侵危機》回函

《黑暗之境 5 深入險處》

數量有限，送完爲止

IQ UP

請留下詳細的聯絡資訊，才有辦法收到我們的贈書喔！

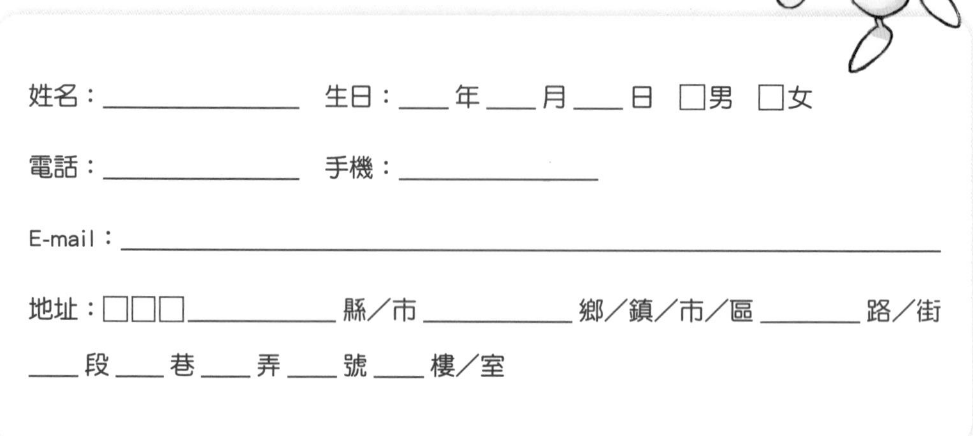

姓名：＿＿＿＿＿＿　生日：＿＿年＿＿月＿＿日　□男　□女

電話：＿＿＿＿＿＿　手機：＿＿＿＿＿＿

E-mail：＿＿＿＿＿＿＿＿＿＿＿＿＿＿＿＿

地址：□□□＿＿＿＿＿縣／市＿＿＿＿＿鄉／鎮／市／區＿＿＿＿路／街

＿＿段＿＿巷＿＿弄＿＿號＿＿樓／室

本回函影印、傳真無效

請延虛線摺下裝訂，謝謝！

寫下你覺得最酷的身體防衛隊：

我知道

＿＿＿＿＿＿＿＿＿＿＿＿

它的功能是……